빛깔있는 책들 301-35

홍도와 흑산도

글/고동률 ● 사진/박보하

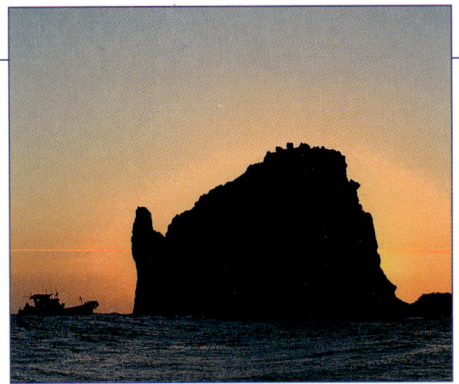

대원사

고동률

강원도 양양에서 태어나 서울예술전문대학 문예창작과를 졸업하였다. 1989년 서울신문 신춘문예에 「현장 검증」이 당선되었다. 산악전문지 『사람과 산』 등에서 기자 생활을 하였으며 현대그룹 계열사 홍보실에서 근무하였다. 저서로는 『성공과 실패는 법칙이 있다』 등이 있다.

박보하

경남 거창에서 태어났으며 세 번의 개인전과 다수의 단체전을 가졌다. 1993년 『월간 사진 예술』에서 주최하는 올해의 사진가상을 수상하였고, 1994년에는 『Korean Culture』 사진 촬영으로 한국일보에서 주관하는 한국출판문화상 사진예술상을 수상하였다. 한국의 전통 문화를 주제로 한 사진들을 주로 촬영하고 있다.

홍도와 흑산도

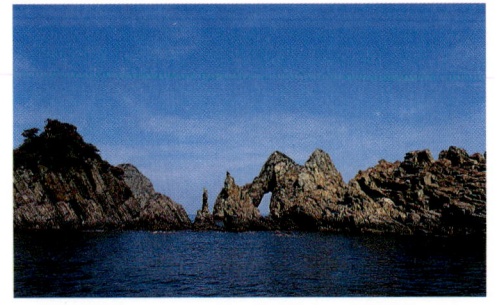

홍도와 흑산도

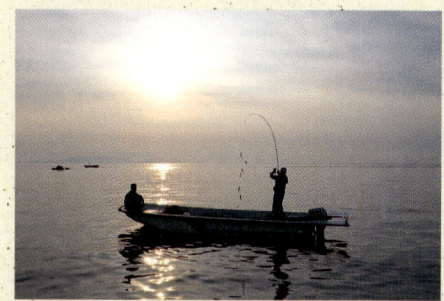

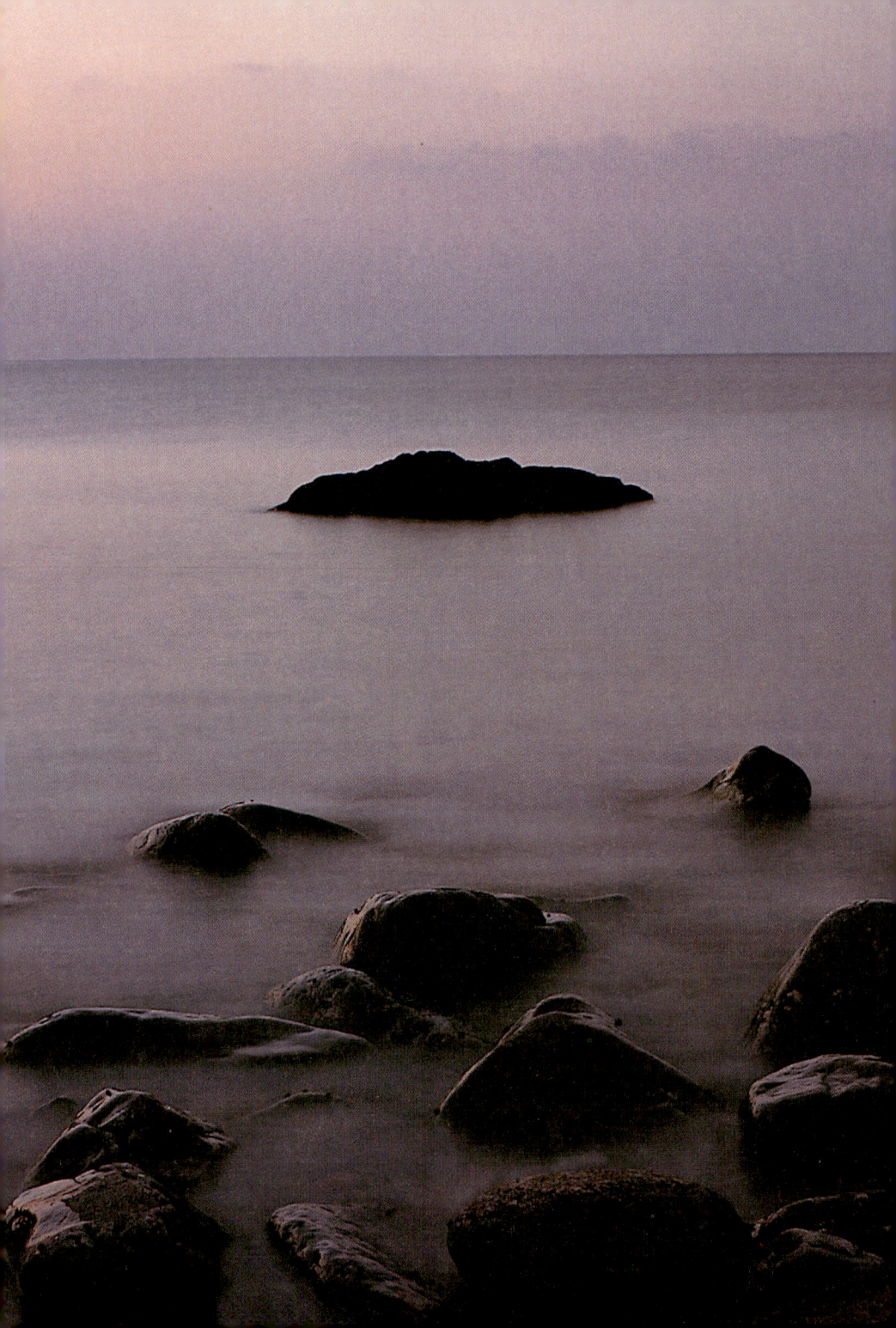

섬을 찾아서

한반도 서남단, 뭍이 동지나해를 향하여 힘차게 뻗어 나가지 못하고 주저앉은 것이 못내 안타까운 듯 크고 작은 섬들이 바둑알처럼 놓여 있다. 이 섬들 가운데 일부는 빼어난 경관과 섬 특유의 분위기로 다도해 해상국립공원을 이루며 한국의 섬 문화를 대변하고 있다.

홍도(紅島)와 흑산도(黑山島). 이 두 섬은 서남단에 위치한 많은 섬들 가운데 일부인 동시에 그 섬들을 대표하는 아름다움과 독특한 정서가 배어 있다. 다시 말하여 한반도의 섬 미학을 포괄하는 상징성을 지니고 있다고 할 수 있다. 그래서 홍도와 흑산도는 우리 섬의 아름다움과 섬사람 특유의 질긴 생명력을 보여 주는 바로미터 역할을 한다. 그리고 금수강산이라 불리는 한국 자연미의 영역을 바다까지 넓혀 주고 있다.

흑산도는 남도의 항구 도시 목포항에서 뱃길로 92.7킬로미터, 홍도는 113.5킬로미터 떨어진 곳에 위치하고 있다. 초고속 최신 여객선이 바람 잔 날 전속력으로 달려도 흑산도 예리항까지 1시간 40여 분, 홍도 선착장까지는 2시간 10분 정도가 소요된다. 흑산도와 홍도는 이렇게 멀고도 외로운, 그래서 아득하기까지 한 서해 한가운데 있다. 폭풍주의보

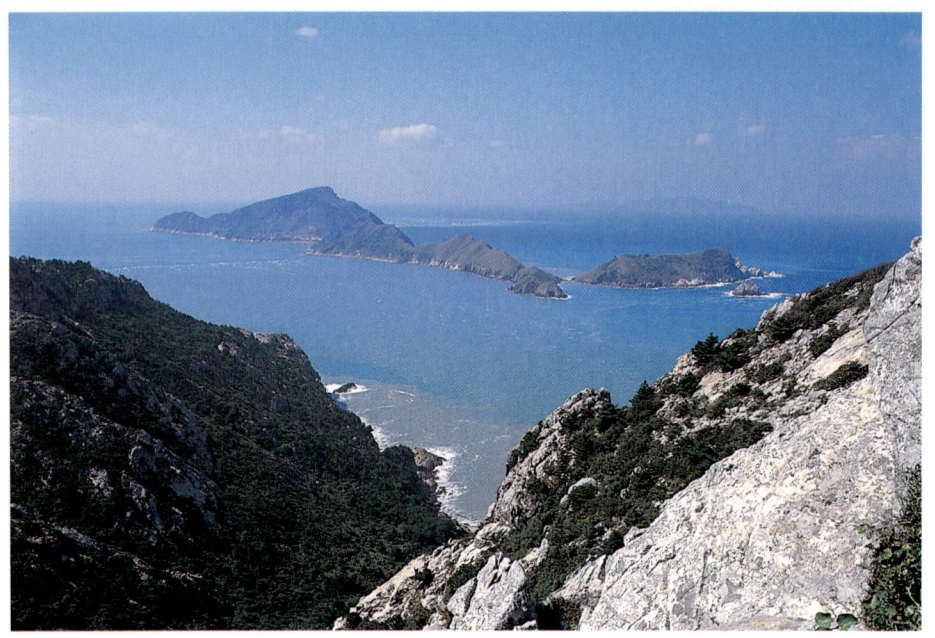

장도와 내망덕도 뒤로 보이는 홍도 아득한 서해 한가운데 고즈넉이 떠 있는 홍도를 보고 있노라면 우리나라의 섬이 얼마나 아름다운지 절실히 느끼게 된다.

라도 내려 뱃길이 사나워지면 본토뿐만 아니라 이웃 섬과도 완전히 단절되어 그야말로 고도가 된다.

　흑산도와 홍도의 아득한 지리적 위치는 우리나라의 관광 교통 지도를 보면 쉽게 짐작할 수 있다. 대부분의 지도에 흑산도와 홍도는 서해 한가운데, 별도로 네모가 쳐진 안에 위도와 경도를 따로 표시한 채 안내되어 있다. 그만큼 내륙과 거리가 먼 것이다.

　새벽이면 중국에서 닭 우는 소리가 들린다고 할 만큼 육지와 멀리 떨어져 있는 두 섬은 전라남도 신안군 흑산면에 속하여 있다. 많은 사람들이 흔히 '홍도와 흑산도'라고 불러 홍도가 흑산도보다 큰 섬이라고

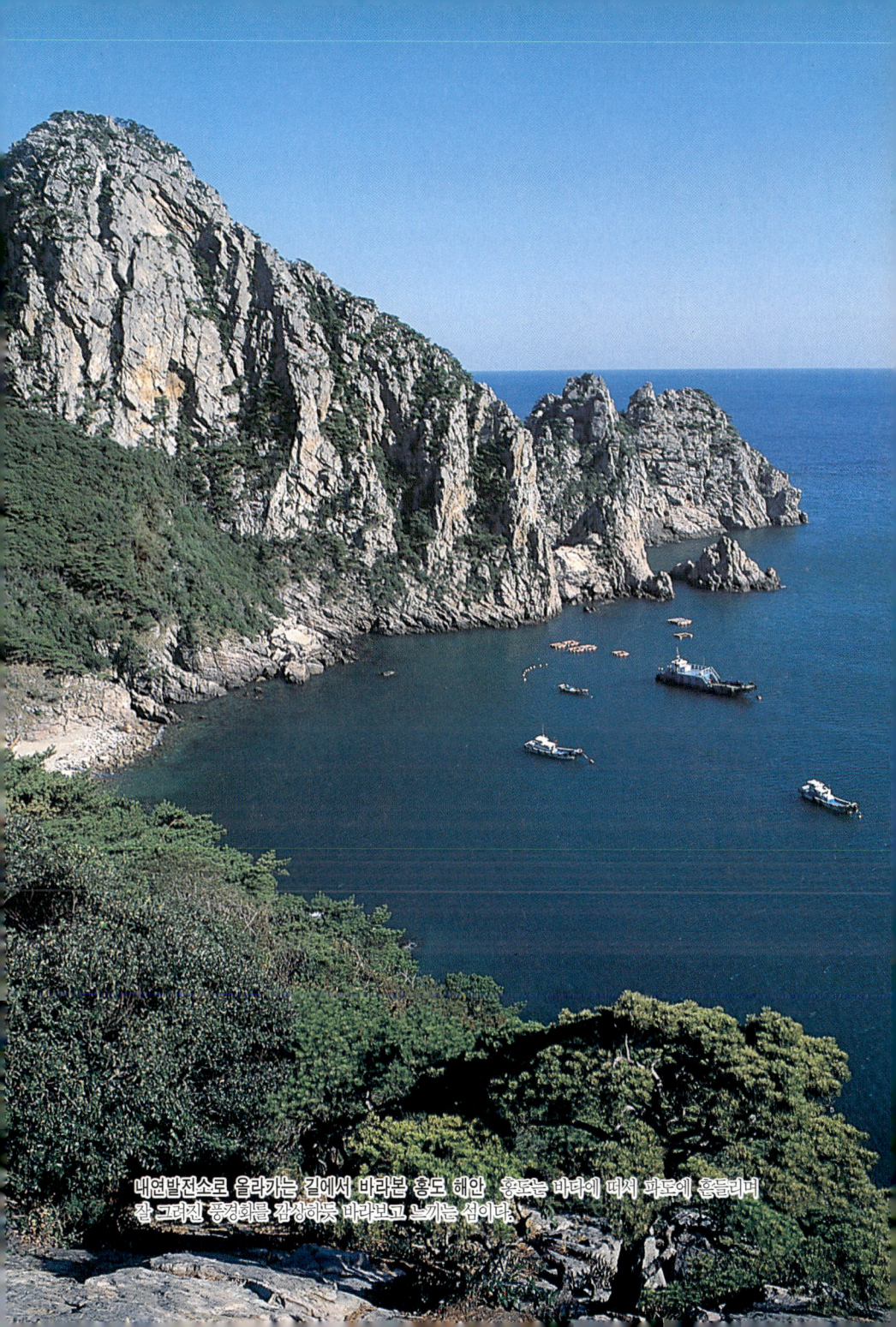

내연발전소로 올라가는 길에서 바라본 홍도 해안 홍도는 바다에 떠서 파도에 흔들리며 잘 그려진 풍경화를 감상하듯 바라보고 느끼는 섬이다.

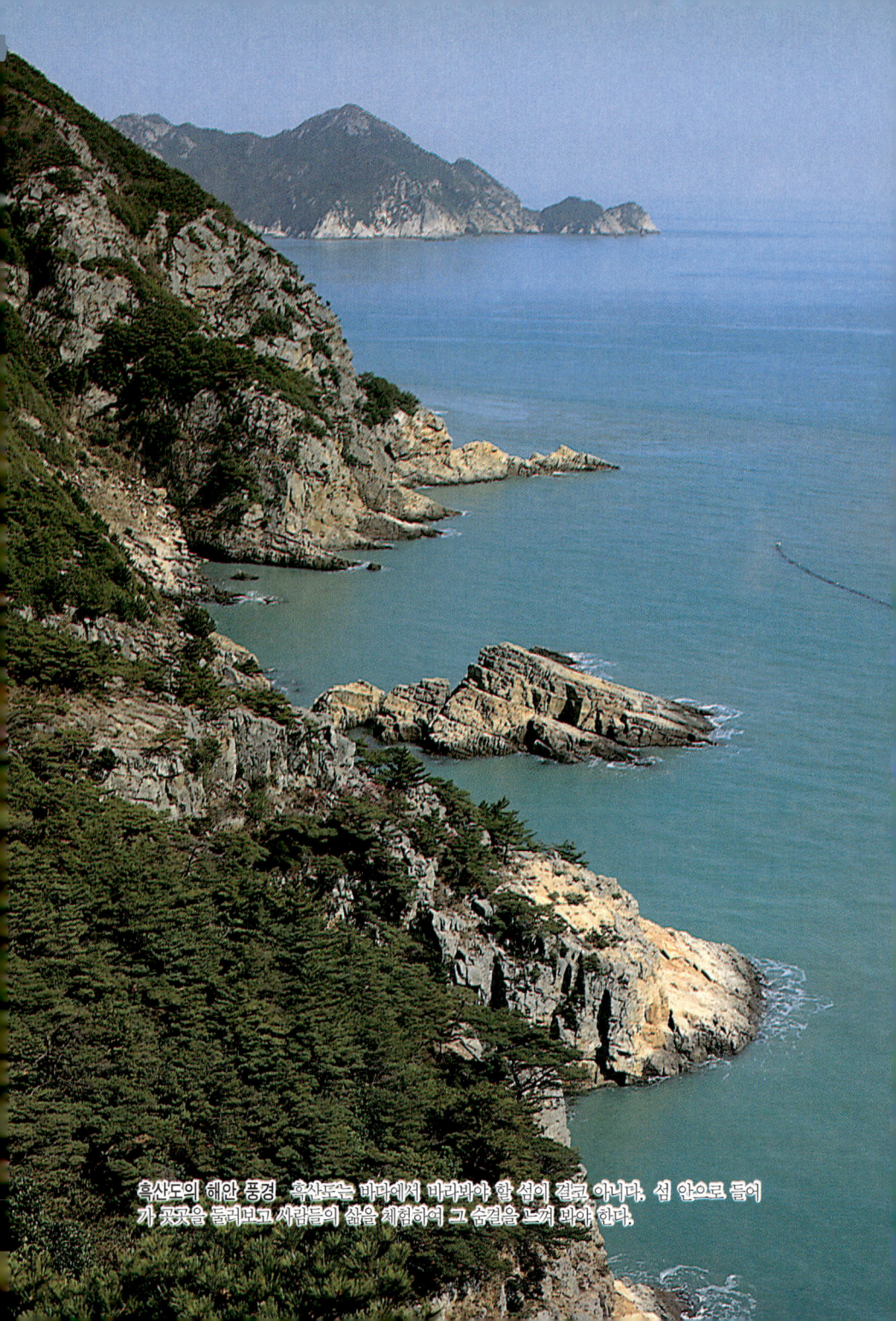

흑산도의 해안 풍경 흑산도는 바다에서 바라봐야 할 섬이 결코 아니다. 섬 안으로 들어가 곳곳을 둘러보고 사람들의 삶을 체험하여 그 숨결을 느껴 봐야 한다.

여기기 쉽지만 면사무소는 흑산도에 있다. 인구, 땅의 크기, 역사성에서도 흑산도가 홍도 우위에 있다.

신안군은 섬으로만 이루어졌다. 유인도 79개와 무인도 750개, 총 829개의 섬이 모여 신안군을 이룬다. 이 섬들은 중심을 이루는 섬이 없어 모두 목포에 젖줄을 대고 있다. 신안군청과 교육청, 경찰청 등의 주요 관청도 모두 목포에 있다.

섬에서 섬으로 연결되는 배편은 거의 없고 대부분 목포항에서 섬들로 연결된다. 목포-흑산도-홍도, 목포-흑산도-가거도-만제도, 이런 식으로 교통편이 형성되는 것이다. 어느 섬으로 가든 목포를 거쳐야 하는 교통망 때문에 신안군 공공 기관이 목포시에 존재하여도 주민들은 별 거부감을 느끼지 않는다. 주민들이 자기 소유의 어선을 이용하면 인근 섬으로 다닐 수는 있지만 시간과 경비면에서 경제적이지 못하다. 김대중 대통령이 태어나 초등학교를 마친 하의도가 신안군에 있어 최근 관광객들의 발길이 붐비고 있으나 흑산도나 홍도에서 곧바로 하의도로 갈 수 있는 교통편 또한 전무하다.

신안군에는 증도, 태도, 가거도, 임자도, 지도, 압해도, 장산도, 우이도, 암태도, 비금도, 도초도, 안좌도, 팔금도, 자은도, 하의도 등의 크고 작은 섬이 있다. 그리고 이런 섬들은 평균 수십 개의 새끼섬을 보듬고 있다. 이렇게 많은 신안군의 섬들은 나름대로의 역사와 문화와 비경을 간직하고 있다. 그 가운데 특히 흑산도와 홍도가 신안군을 대표하여 전국적인 명성을 얻은 것은 흑산도의 독특한 정취와 홍도의 해안 절벽이 빚어낸 절경 때문이다.

흑산도의 면적은 19.7제곱킬로미터이며 해안선의 길이는 41.8킬로미터이다. 인구는 1,200여 가구에 약 5,000여 명이 살고 있다. 홍도의 면적은 6.47제곱킬로미터이며 해안선의 길이는 20.8킬로미터이다. 인구는 160여 가구에 대략 550여 명 정도다. 두 섬 간의 거리는 22킬로미터이다. 섬의 크기나 인구, 역사성으로만 보면 홍도와 흑산도는 관심의 대상이 되지 않는다. 그러나 홍도와 흑산도는 그 어느 섬보다도 우리나라 섬의 아름다움과 섬사람들의 정서를 고스란히 간직하고 있다. 외딴 섬에서 느껴지는 고독과 바다와 바위가 만나 빚어낸 절묘한 아름다움이 사람들의 마음을 사로잡는다.

흑산도는 바다에서 바라봐야 할 섬이 결코 아니다. 섬 안으로 들어가 곳곳을 둘러보고 사람들의 삶을 체험하며 그 숨결을 느껴 봐야 한다. 예리 항구를 서성이거나 일주도로를 타고 섬을 순례하여야 비로소 참모습을 느낄 수 있는 것이다. 반대로 홍도는 바다에 떠서 파도에 흔들리며 잘 그려진 풍경화를 감상하듯 바라보고 느끼는 섬이다. 홍도의 해안 절벽은 그만큼 절경이다. 그래서 바다에서는 흑산도를, 홍도 안에서는 홍도를 제대로 볼 수 없다.

흑산도는 섬으로 사람을 유인하며 홍도는 바다로 사람을 흡인한다. 그래서 흑산도와 홍도를 보고 나면 우리나라 바다의 아름다움과 섬사람들 특유의 질펀한 삶을 모두 경험할 수 있다.

외딴 섬의 아름다움

홍도와 흑산도가 전국적인 명성을 얻게 된 것은 빼어난 자연 경관 때문이다. 1970년대 들어 관광, 레저 산업이 활기를 띠면서 홍도 해안의 아름다움이 서서히 알려지기 시작하였고 이어 흑산도가 지명도를 얻었다. 흑산도는 홍도로 가는 중간지로 홍도로 가는 모든 배편이 흑산도를 경유하여 가기 때문이다.

1970년대 이후 관광 수입은 홍도의 주요 소득원이 되었다. 바다 낚시나 외진 섬이 안겨 주는 홍도 특유의 분위기도 사람들을 끌어들이는 한 요인이지만 무엇보다도 홍도의 기암괴석이 빚어낸 절묘한 아름다움은 육지 사람들을 끝없이 유인하고 있다.

흑산도는 섬사람들의 삶과 바다와 기암괴석이 한데 어우러져 독특한 풍경을 연출하고 있다. 어업 전진 기지인 예리항은 어업을 생활 터전으로 삼고 사는 어부들의 전형을 보여 주고 진리 등의 마을은 농사와 어업을 겸하며 사는 섬사람들의 고즈넉함을 보여 준다. 섬 곳곳에는 섬사람들의 고단한 생을 반추하여 주는 유물과 풍물들이 있다.

홍도와 흑산도는 각각 33가지의 비경을 가지고 있다. 이들은 한국 해벽미의 정수와 섬 문화를 완벽하게 보여 준다. 홍도 33경을 모두 감

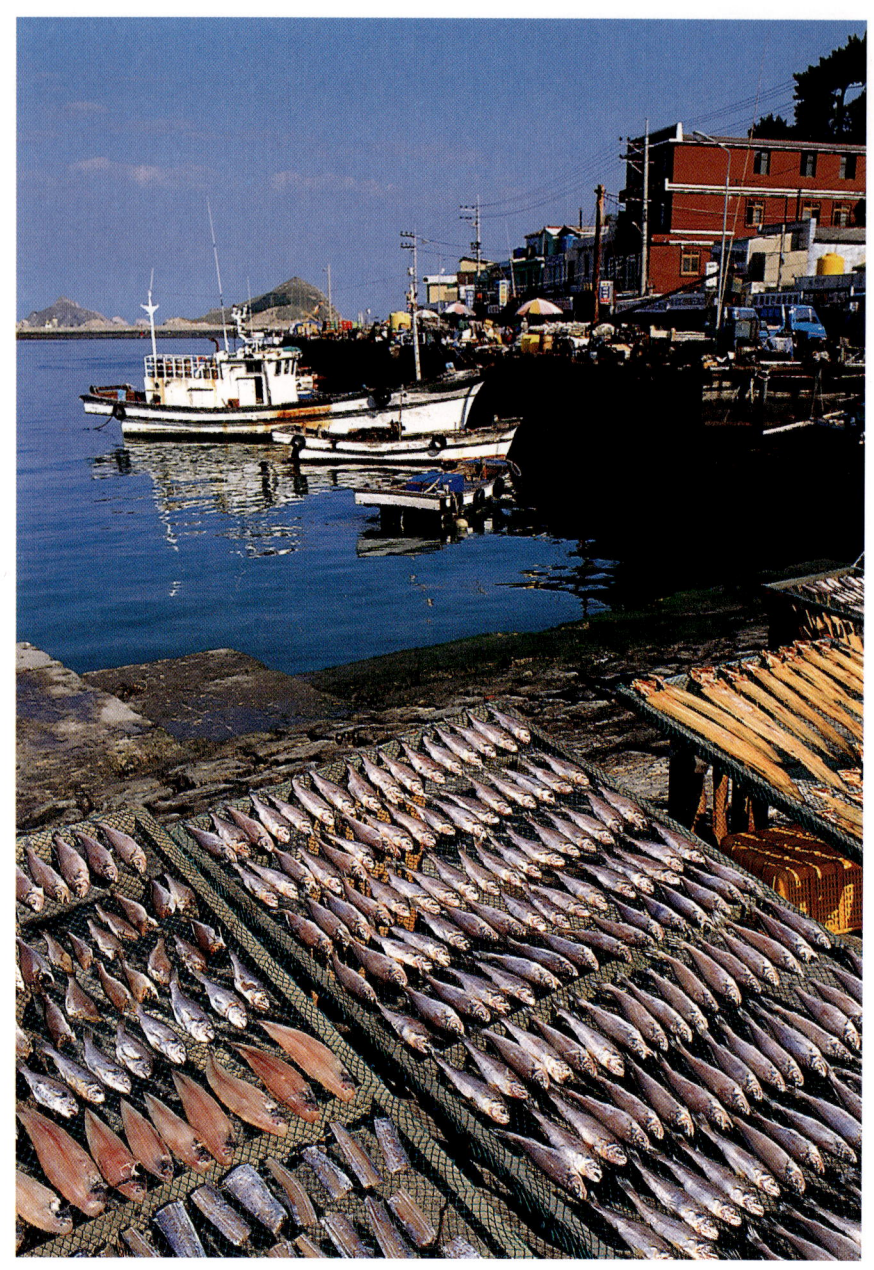

흑산도 예리항　어업 전진 기지인 예리항에서는 다양한 섬사람들의 생활 모습을 그대로
보고 느낄 수 있다.

상하려면 유람선을 이용하여야 하고 흑산 33경을 전부 답사하려면 일주도로를 타야 한다.

홍도의 유람선과 33경

바다에서 바라보는 섬

홍도의 해변은 온통 바위로 이루어져 있다. 서해안의 상징이라 할 수 있는 갯벌은 홍도 어디에도 없다. 흙은 물론 모래도 찾아볼 수 없다. 그래서 홍도에는 해수욕장이 하나뿐인데 그마저도 모래가 아닌 자갈로 이루어져 있다. 홍도해수욕장은 해변이 자갈인 까닭에 빠돌해수욕장이라고도 부른다. 빠돌은 자갈을 의미하는 말인데 그 자갈들은 오랜 세월 파도에 단련되어 검고 둥글며 단단하다.

해수욕장의 해변마저 빠돌로 이루어진 홍도. 바위 섬 홍도의 아름다움을 제대로 감상하려면 반드시 유람선을 이용하여야 한다. 바다에서 홍도를 바라봐야만 한국 최고의 해벽미를 제대로 느낄 수 있기 때문이다. 그래서 홍도 관광의 중심은 유람선이다. 홍도에는 유람선이 여러 척 있다. 성수기인 여름철에는 유람선이 10회 이상, 비수기에는 2회 정도 운행한다. 승선 인원은 300여 명 정도이고 섬을 일주하는 데는 2시간 30분 정도가 소요된다.

홍도의 유람선은 대개 선장이 안내원을 겸하는데 안내 솜씨가 일품이다. 홍도의 역사는 물론 해벽미 감상 포인트, 거기에 깃들인 전설 등을 막힘 없이 구수하게 늘어놓는다. 오랫동안 바다와 더불어 살면서 터득한 삶의 지혜도 은근히 일러 준다. 유람선 선장의 홍도와 바다 사랑은 끔찍하다 못하여 처절하기까지 하다. 관광객이 무심코 담배나 휴지를 바다에 던졌다가는 망신도 보통 망신을 당하는 게 아니다. 목청 큰

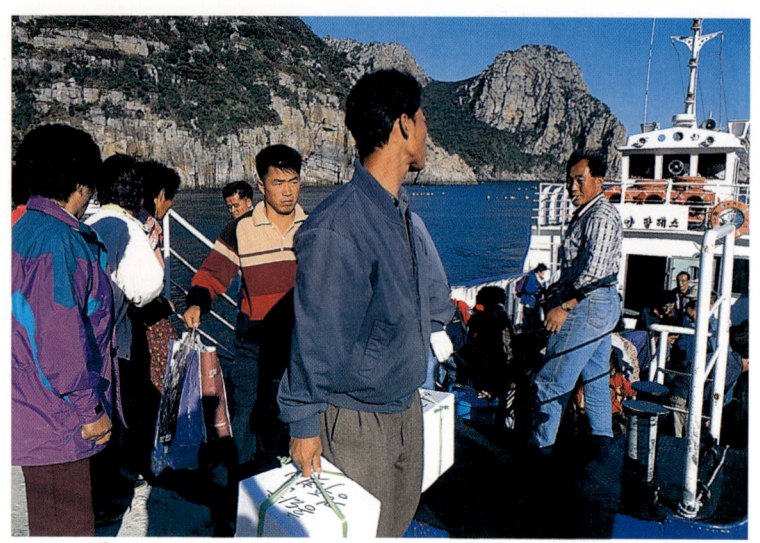

오가는 사람들로 붐비는 도선장 홍도는 접안 시설이 미비하므로 관광객들은 홍도 근처까지 쾌속선으로 온 후 바다 가운데에서 작은 배로 옮겨 타야 한다.

선장은 집 방바닥에 침을 뱉을지언정 바다에는 먼지 하나 털어 내지 말아야 한다고 목청을 높인다. 바다 사람의 특징 중 하나는 목소리가 크다는 것이다. 파도 소리를 제압하여야 이웃과 대화가 가능하기 때문에 바다 사람은 육지인에 비하여 목소리가 크다.

배를 운행하는 데 통달의 경지에 이른 유람선 선장은 관광객들에게 해벽미를 조금이라도 더 가까운 곳에서 실감나게 보여 주기 위하여 배가 도저히 들어갈 수 없을 성싶은 곳까지 안전하게 몰고 간다. 그리고 파도가 잔잔한 날에는 관광객이 바위에 직접 올라가 사진을 촬영할 수 있는 기회도 제공한다. 선장은 오랜 경험을 통하여 어떤 바위는 어디서 어떤 구도로 잡고 사람을 어디에 배치하여야 멋진 사진이 나오는지를 전문 사진가 이상의 안목으로 가르쳐 준다. 유람선을 운행하면서 선장

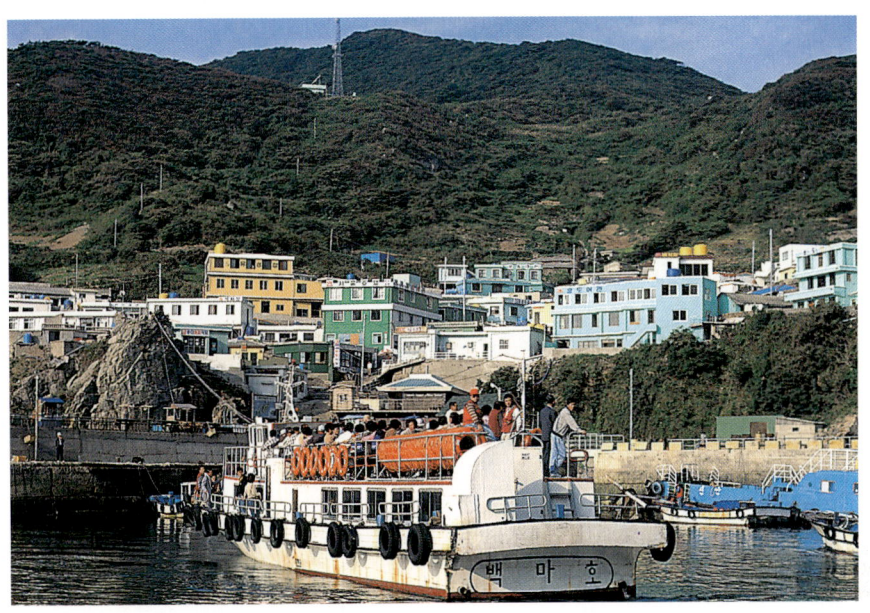

유람선 바위 섬 홍도는 유람선을 타고 바다에서 바라봐야만 그 아름다움을 제대로 느낄 수 있다. 유람선 선장의 구수한 입담이 보는 재미를 더한다.

은 끊임없이 이야기한다. 그가 쏟아내는 이야기는 바로 홍도의 백과 사전인 동시에 한국 해벽미 예찬론이다.

유람선을 타고 가다 보면 싱싱한 회도 먹을 수 있다. 홍도 2구를 지나 대풍금 부근에 이르면 마을 청년회에서 직접 잡은 횟거리를 실비로 제공하고 있다. 바다 포장마차로 불리는 이 광경 또한 오래 못 잊을 정취를 관광객에게 안겨 준다.

기암괴석과 바다의 조화, 홍도 33경

유람선을 타고 홍도항에서 시계 방향으로 섬을 한 바퀴 일주하면 홍도 33경이 펼쳐진다. 홍도 33경은 바위의 모양과 형태와 전설에 따라 이름이 붙여진 기묘한 바위와 동굴들로 이루어져 있다. 이 홍도 33경

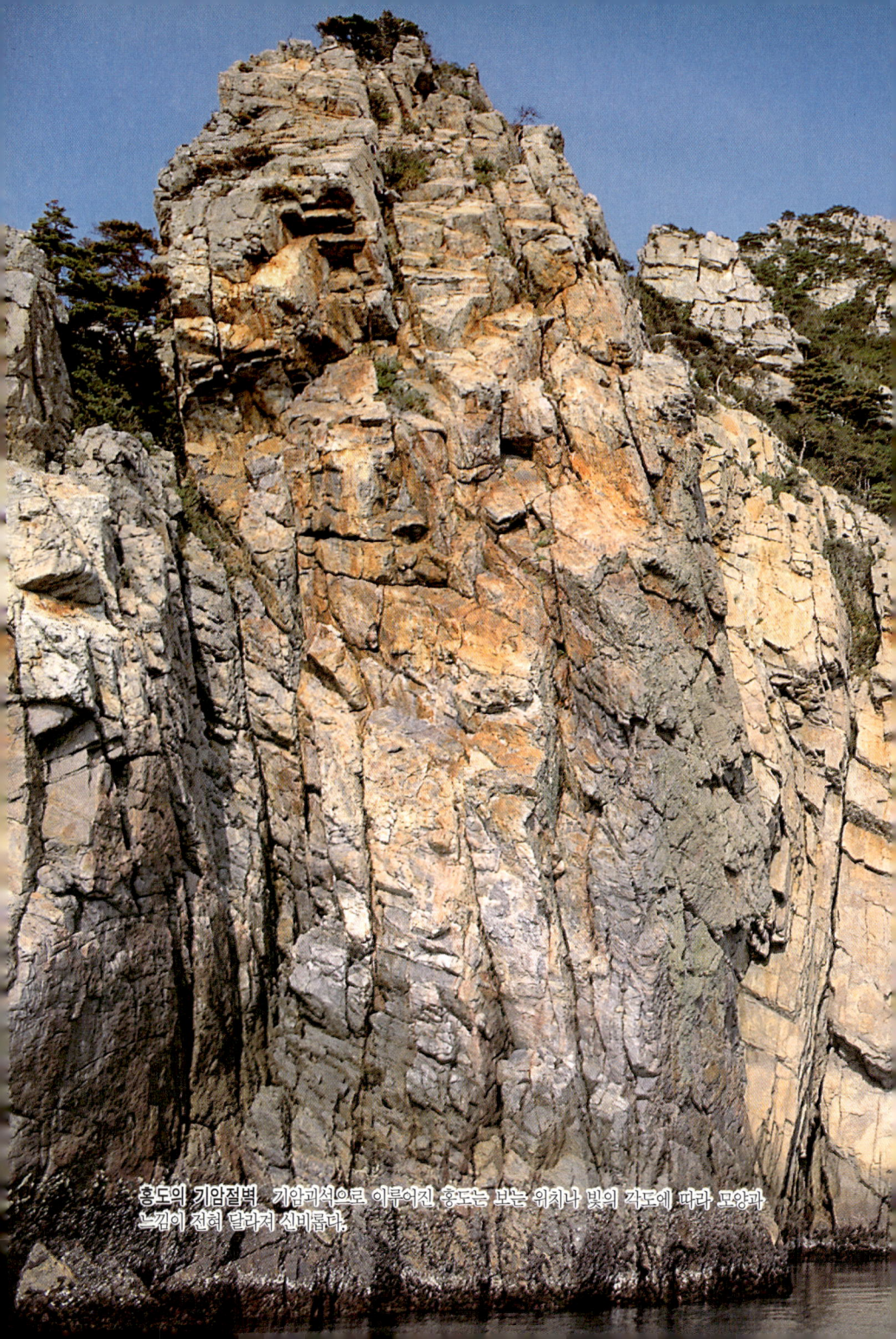

홍도의 기암절벽   기암괴석으로 이루어진 홍도는 보는 위치나 빛의 각도에 따라 모양과
느낌이 전혀 달라져 신비롭다.

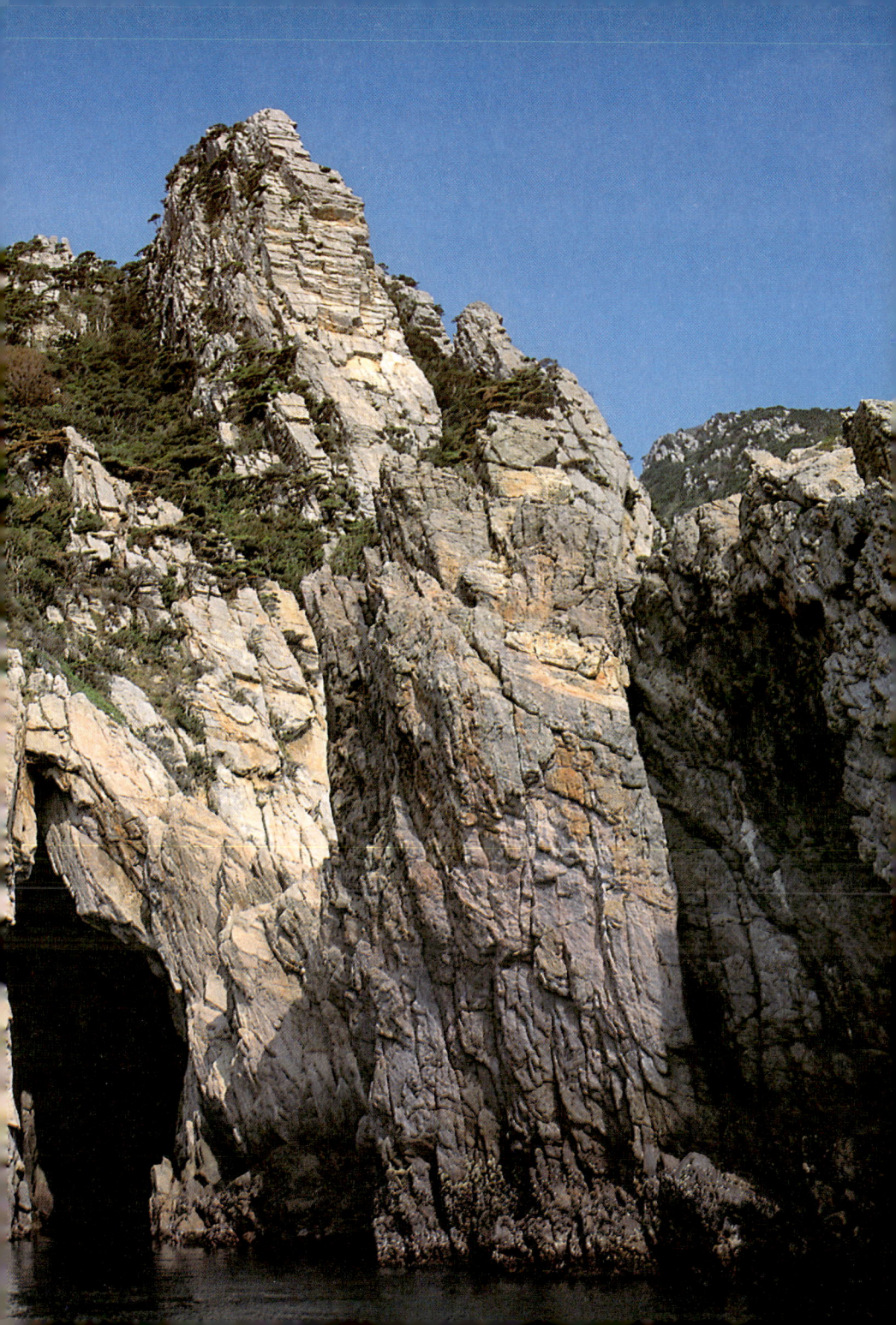

을 따라 유람선이 가고 관광객의 감탄사가 따라 간다.

홍도 기암절벽의 관광은 빛의 각도와 보는 위치가 중요하다. 기암괴석으로 이루어진 홍도는 보는 위치에 따라 또는 빛의 각도에 따라 모양과 느낌이 전혀 달라지는 신비를 보여 준다. 그래서 홍도 33경은 빛의 각도와 보는 이의 위치가 연출한다고 하여도 과언이 아니다.

홍도 33경의 압권은 홍도 2경인 남문바위와 그 일대다. 홍도항 오른편에 있는 남문바위 일대는 더 빼고 붙이고 할 것 없는 완벽한 조각 예술품인 동시에 잘 그려진 풍경화이다. 남문바위 일대 절경은 한때 외국 관광객을 유치할 목적으로 해외에 배포한 한국 관광 안내 책자 표지에 실리기도 하고 한때는 텔레비전이 시작하고 끝날 때 나오는 애국가 첫머리 배경을 장식하기도 하였다. 그래서 이곳의 절경을 보지 못한 사람도 남문바위는 안다. 홍도를 찾아온 관광객은 이 남문바위 일대를 보고 자연스럽게 애국가를 떠올리기도 한다.

홍도를 단숨에 유명한 관광지로 부상시킨 것도 이 남문바위이다. 1960년대 초반 이곳에서 전국 사진 대회가 열렸다. 한 사진작가가 우연한 기회에 남문바위를 본 후 풍광에 매료되어 이곳에서 사진 대회를 개최하였던 것이다. 그때부터 남문바위는 유명해지기 시작하였다.

남문바위는 섬의 남쪽에 있다고 하여 남문이라 이름지었는데 바위 중앙에 소형 선박이 드나들 수 있을 정도로 큰 구멍이 뚫려 있다. 배를 타고 이 문을 지나가는 사람들은 여름에도 더위를 타지 않고 재앙도 입지 않는다고 한다. 그리고 고기잡이 나가는 배가 지나갈 경우 만선을 이룬다고 홍도 사람들은 믿고 있다. 홍도 사람들은 여름철이나 출어를 나갈 때면 통과 의례로 반드시 이곳을 거쳐 간다. 그래서 행운의 문이라 불리기도 하고 해탈의 문이라고도 불린다.

바위 모양이 거대한 성문을 연상시키는 남문바위 옆에는 1경인 도승바위가 있다. 도를 구하기 위하여 경건한 자세로 합장한 승려의 모습을

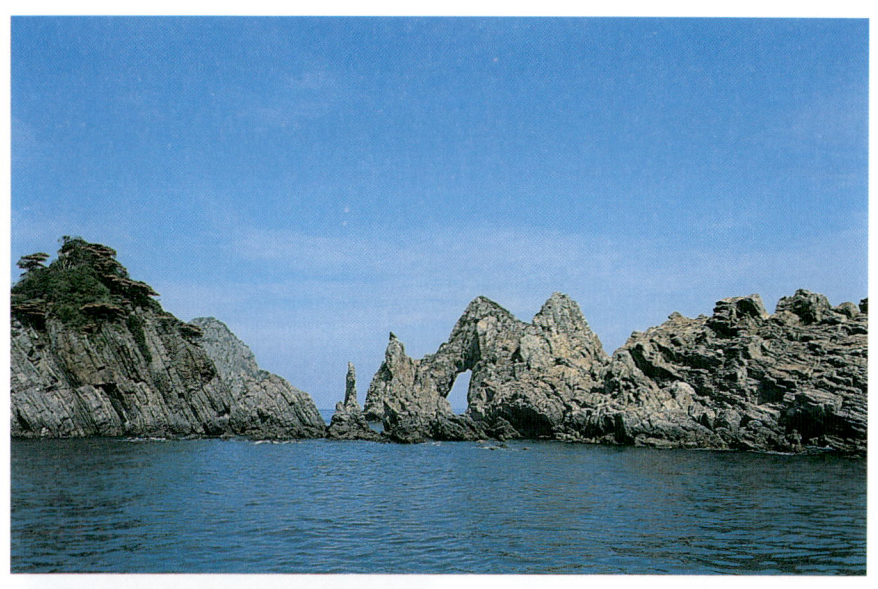

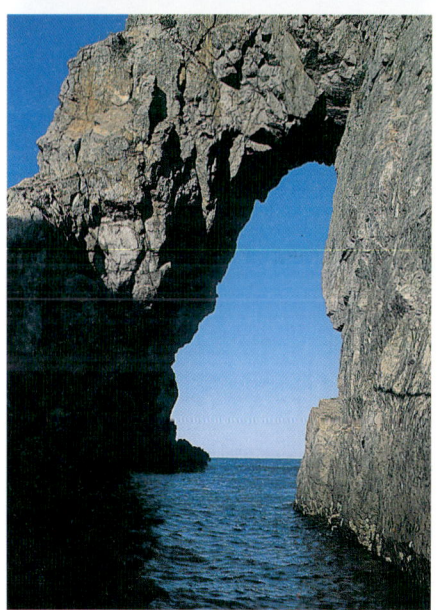

남문바위 홍도항 오른편에 있는 남문바위 일대는 더 빼고 붙이고 할 것 없는 완벽한 조각 예술품인 동시에 잘 그려진 풍경화이다.

그대로 빼박아서 도승바위이다. 도승바위는 어부들의 애환이 담긴 애절한 전설을 간직하고 있다. 오랜 옛날, 피붙이도 없이 홀로 늙어 가는 심성 고운 어부가 개를 자식으로 여기며 애지중지 키웠다. 이 어부는 어느 날 고기잡이를 나갔다가 태풍을 만나 실종되었다.

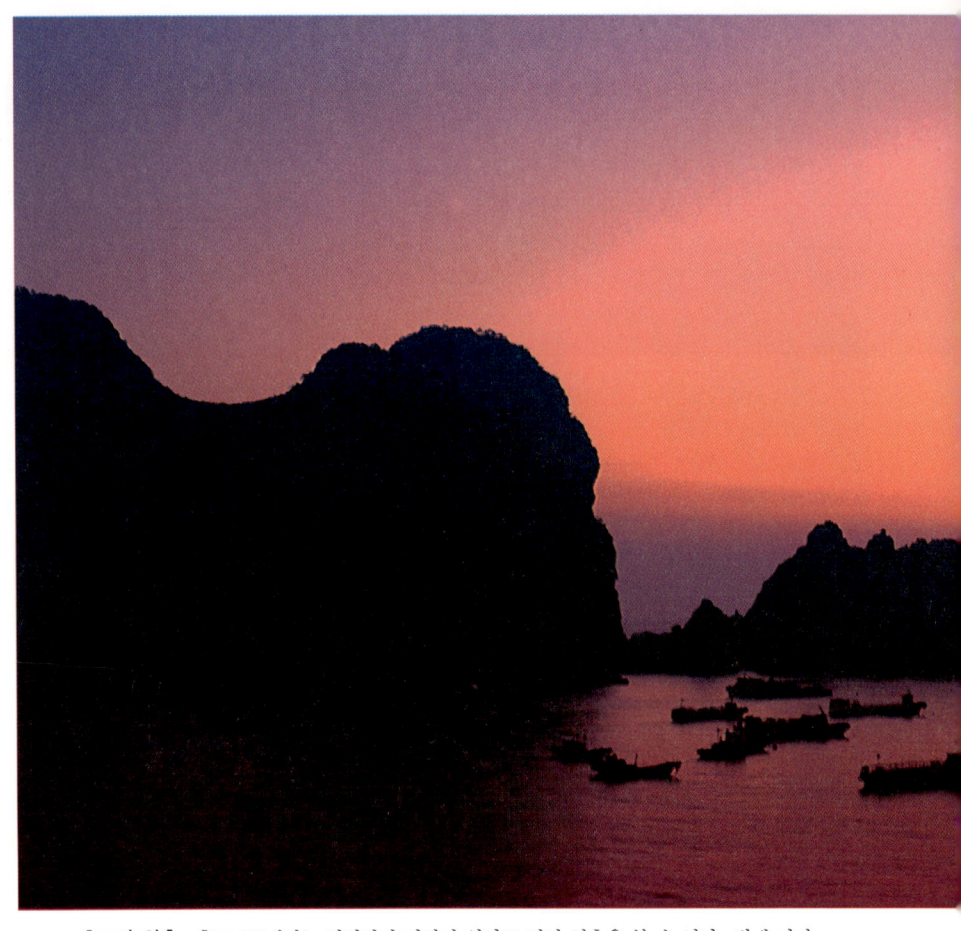

홍도의 일출 홍도 1구에서는 멀리까지 나가지 않아도 멋진 일출을 볼 수 있다. 밖에 나가 미리 아침해를 맞을 준비를 하지 못한 사람이라도 창문만 열면 해가 떠오르는 장관을 놓치지 않고 볼 수 있다.

기다려도 기다려도 돌아오지 않는 어부. 개는 바닷가에서 수평선을 바라보며 돌아오지 않는 주인을 애타게 기다리다 숨을 거두었다.

그때 마침 지나가던 도승이 있어 주인에게 마음을 다한 개의 넋을 달래 주기 위하여 바위를 세웠다. 그 바위가 바로 도승바위이다. 그래서

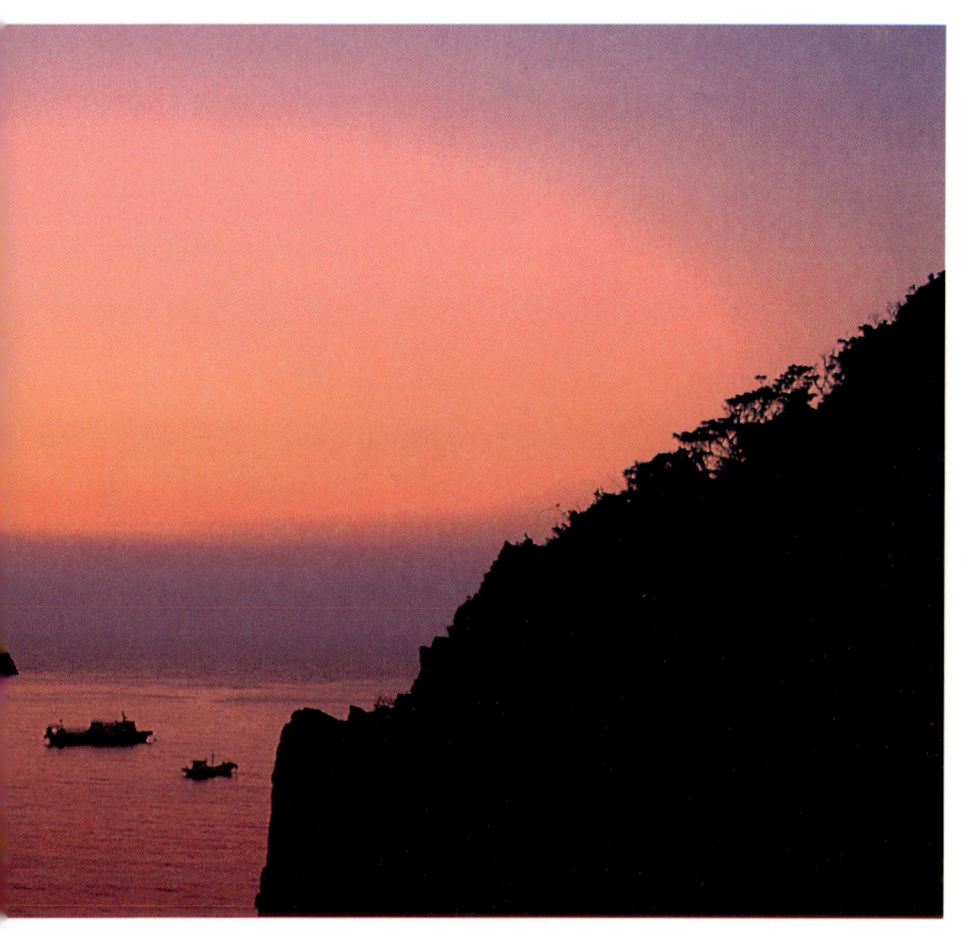

도승바위를 홍도 사람들은 충견암이라고도 부른다. 도승바위 부근에는
전선에 걸맞게 폭풍우가 치는 날이면 지금도 개의 울부짖는 듯한 소리
가 들려온다고 한다.

도승바위 부근에는 남자의 신, 여자의 신이라고 불리는 2개의 둥그
런 바위가 있다. 이 바위를 홍도 사람들은 신성시하여 음력 정월 초하
루에 지내는 용왕제를 이곳에서 올린다. 음력 섣달이면 마을 총회를 열

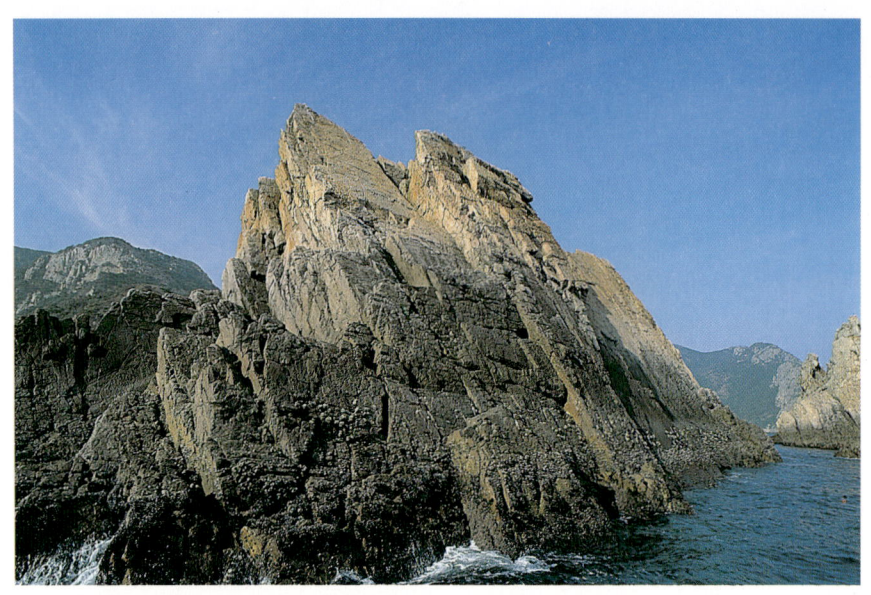

병풍바위 12폭 병풍을 뒤로 비스듬하게 세워 놓은 것과 같다 하여 이름이 붙여졌다. 12폭 병풍바위라고도 한다.

어 액운이 없는 집을 선정, 용왕제에 쓸 음식을 준비한다. 마을에서 모금된 기금으로 제의를 준비하는데 제주(祭主)는 이웃 사람들의 신망을 얻은 사람으로 선출하여 일년 간의 무사 안녕과 풍어를 빈다. 용왕제는 홍도의 가장 큰 마을 행사 가운데 하나이다.

이곳 바위에는 해초와 조개가 유난히 많이 자라고 있는데 스스로를 불결하다고 생각하는 사람들은 굶을지언정 이곳의 해산물은 가까이하지 않았다고 한다. 홍도 사람들 스스로가 그만큼 신성시하는 바위이다.

3경은 병풍바위이다. 12폭 병풍을 뒤로 비스듬하게 세워 놓은 것과 같다 하여 12폭 병풍바위라고도 한다. 4경은 탕건바위이며 5경은 실금리굴이다. 홍도에는 120여 개의 해식동굴이 있는데 실금리굴은 크기나 풍광에서 으뜸이다. 200여 명이 편히 쉴 수 있는 공간을 가진 실금리굴은 가야금굴이라고도 불린다. 옛날 풍류를 아는 한 선비가 아름다운 선경을 찾아 헤매다 홍도에 도착하였는데, 수려한 자연미에 반하여 여생을 이곳에서 보냈다고 한다. 그 선비가 이 굴에서 가야금을 타며 세월을 보냈다 하여 가야금굴이라 불리기도 한다.

6경은 흔들바위이다. 바위 위에 위태롭게 앉아 있는 네모난 바위는 바람이 불면 약간씩 흔들거리는데 금방이라도 떨어질 것 같은 위태로움을 준다. 이 바위를 두고 홍도 사람들은 권선징악을 노래하였다. 마음이 악한 사람이나 몹쓸 짓을 한 사람이 지나가면 바위가 떨어져 응징한다는 이야기를 만들어 악을 경계하였던 것이다. 어떤 도사가 욕심 많은 속세 사람을 경계하기 위하여 바위를 올려 놓았다고 한다.

7경은 바위 모양이 칼같이 생긴 칼바위인데 홍도를 지키는 신이 재앙과 악귀로부터 홍도를 구하기 위하여 세웠다는 전설이 전한다. 다른 쪽에서 보면 선비의 상투처럼 생겨 상투바위라고도 부르는데 홍도 사람들은 칼바위라 부르길 좋아한다.

8경은 무지개바위로 신혼 여행 온 신혼 부부나 열애 중인 선남선녀들에게 인기다. 해가 질 때쯤이면 이 바위는 온통 오색 빛으로 물드는데 그때 신혼 여행객이 치성을 드리면 백년해로를 함은 물론 아들을 얻는다는 속설이 있다. 유람선 선장은 이곳을 지날 때면 신혼 여행객이나 연인들을 위하여 치성 드릴 시간을 주는 배려를 잊지 않는다.

9경은 제비바위이고 10경은 돔바위이다. 제비바위는 봄이 오면 제비가 가장 먼저 찾아온다고 알려진 바위인데 출어를 나간 어부들의 길잡이 역할을 하기도 한다. 등대가 없던 시절, 홍도 어부들은 이 바위를 보고 뱃길을 잡았다고 할 만큼 특징 있는 바위다. 돔바위는 낚시꾼들이 즐겨 찾는 바위로 모양이 돔 같을 뿐만 아니라 실제 돔 등의 고기가 많이 잡히기도 한다. 홍도를 찾는 바다 낚시꾼들은 이곳에 낚싯줄을 던지

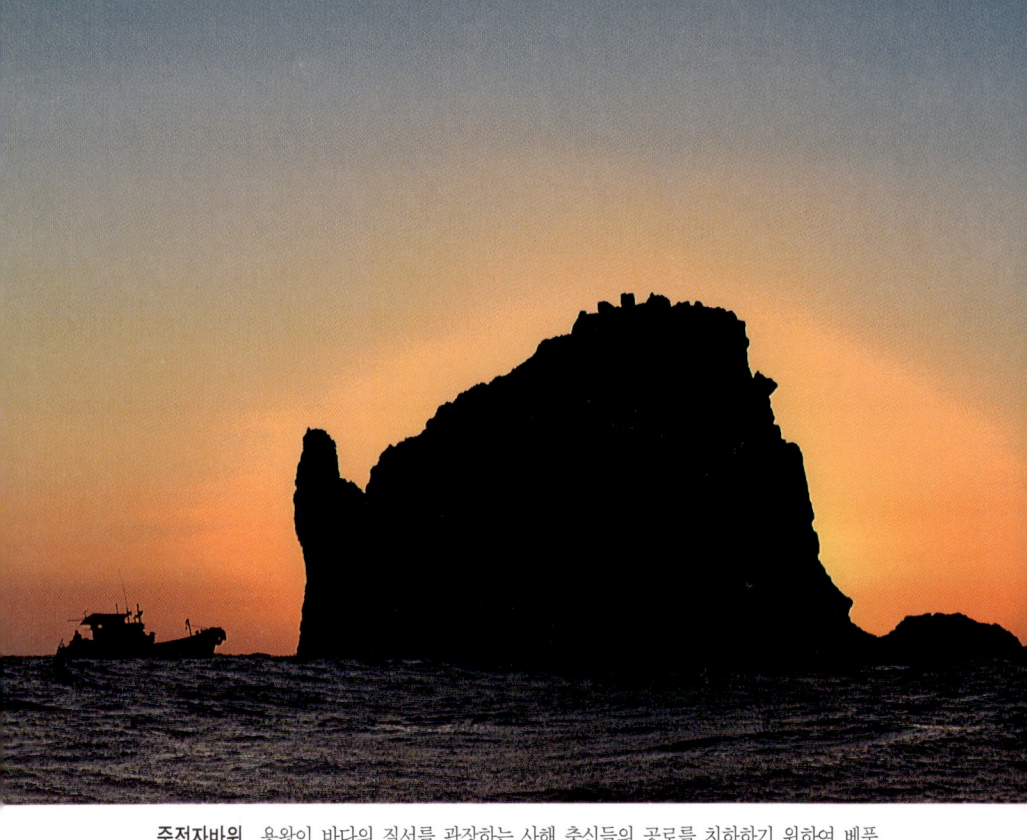

주전자바위 용왕이 바다의 질서를 관장하는 사해 충신들의 공로를 치하하기 위하여 베푼 잔치에서 술을 담았던 주전자가 남아 바위가 되었다는 전설을 가지고 있다.

고 나면 육지에 나가 할말이 많아진다. 그만큼 대어가 많이 낚이고 풍광이 뛰어난 곳이다.

　11경은 기둥바위이며 12경은 E·T바위이다. 13경은 시루떡바위, 14경은 주전자바위, 15경은 원숭이바위, 16경은 용소바위이다. 이렇게 이름 붙인 것은 그 모양이 이름과 흡사하기 때문이다. 기둥바위는 고대 신전을 받치는 튼튼한 기둥처럼 네모져 늘씬하게 하늘을 향하여 뻗어 있다. 이 바위가 홍도를 지탱하므로 무너지면 큰일난다고 하여 홍도 사람들은 경외시하고 있다. E·T바위는 최근에 붙여진 이름이다. E·T

영화에 나오는 주인공을 닮았다고 하여 어느 초등학생이 이름지었다고 하는데 보면 볼수록 신기할 정도로 닮았다.

시루떡바위와 주전자바위가 지니고 있는 전설은 바다를 무대로 사는 섬사람들의 정서가 그대로 묻어 있다. 옛날에 용왕이 바다의 질서를 관장하는 사해의 충신들을 불러모아 그 공로를 치하하였다. 인간 세계를 널리 이롭게 한 그들을 위하여 용왕이 준비한 떡이 굳어서 시루떡 바위가 되었으며 그때 술을 따르던 주전자가 남아 주전자바위가 되었다고 한다. 이 전설은 용왕의 실체를 믿고 의지하던 뱃사람들의 마음이 담겨 있다. 그리고 시루떡바위와 주전자바위가 적당한 간격을 두고 배치되어 있어 이 전설은 더욱 설득력을 지닌다.

17경은 대문바위이고 18경은 좌불상이다. 이 두 바위는 당나라와 연관된 전설을 가지고 있다. 옛날에는 중국과 교역할 때 풍랑을 만나면 대문바위로 대피하였다고 하는데 그러면 신기할 정도로 풍랑이 곧 멎었다고 한다. 믿거나 말거나 식의 전설이지만 폭풍우를 피하기에 더없이 좋은 공간임에는 틀림없다. 좌불상은 당나라 스님이 불법을 얻으러 신라로 가던 중 이곳에서 머무는 며칠 사이에 도를 얻어 해탈하였다고 전한다. 그래서 이 바위는 자식이 없거나 일상이 불행한 사람들이 부처님의 은덕을 입으려는 기도처로 널리 알려져 있다.

19경인 거북바위는 거북이 바다에서 육지로 기어 올라가는 형상을 하고 있는데 매년 정월 초사흗날 당제를 지낼 때 이 거북바위가 용신을 맞이한다 하여 홍도 사람들의 사랑을 받고 있다. 거북이는 홍도를 수호하는 신으로 지금도 주민들의 추앙을 받고 있다. 20경인 자연석탑바위는 용신이 홍도를 수호하기 위하여 세운 것이라고 하며, 21경인 부부탑에 축원을 드리면 반드시 아들을 얻는다고 홍도 주민들은 믿고 있다. 세월이 흘러 이 믿음들은 점차 희석되어 가지만 바위의 자태와 뛰어난 풍경은 변함이 없다.

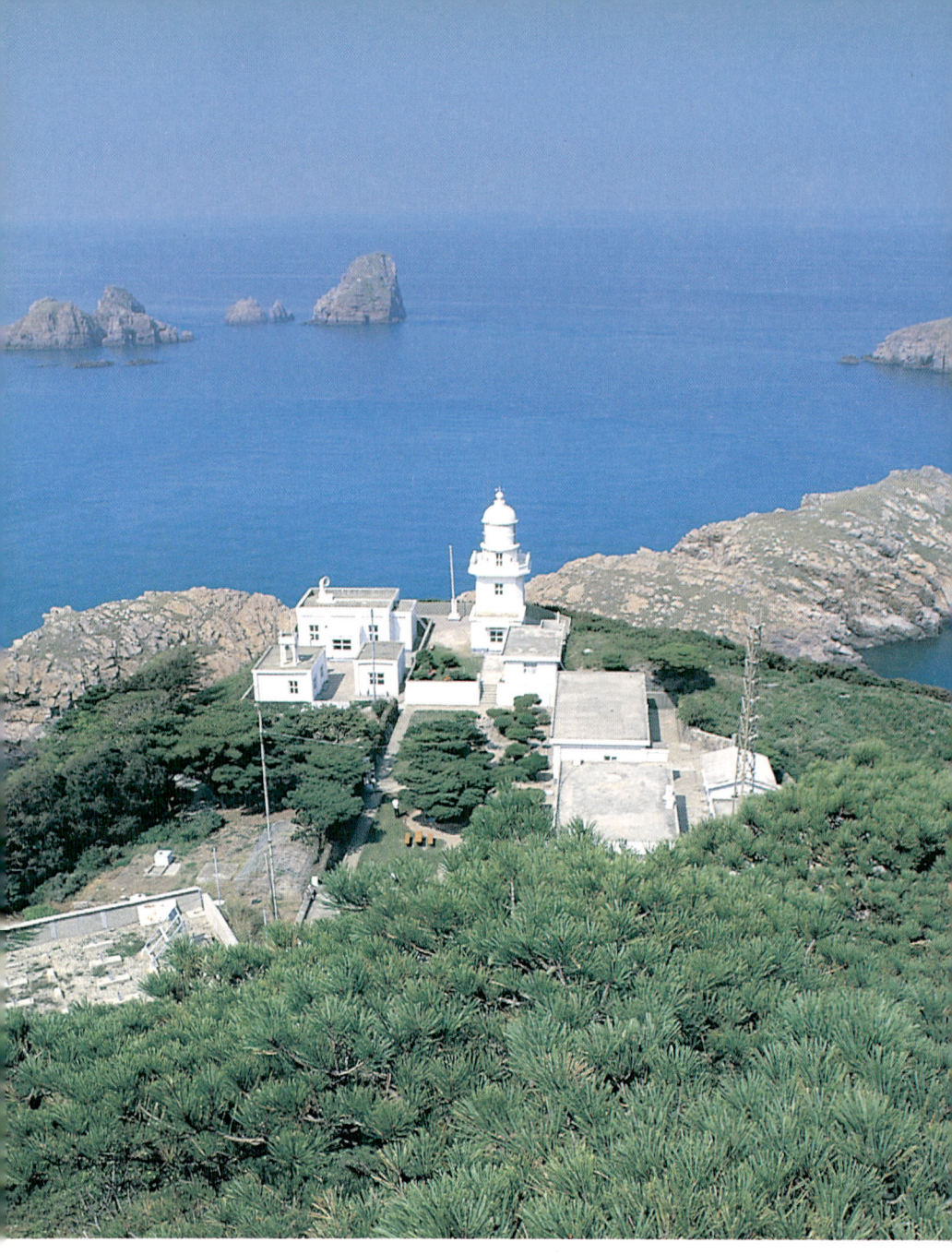

홍도 앞바다의 밤을 밝히는 등대 홍도 2구에 있는 등대는 어두운 밤 서해를 헤매는 배들의 뱃길을 잡아 주고 있다. 등대 너머 멀리 독립문바위가 보인다.

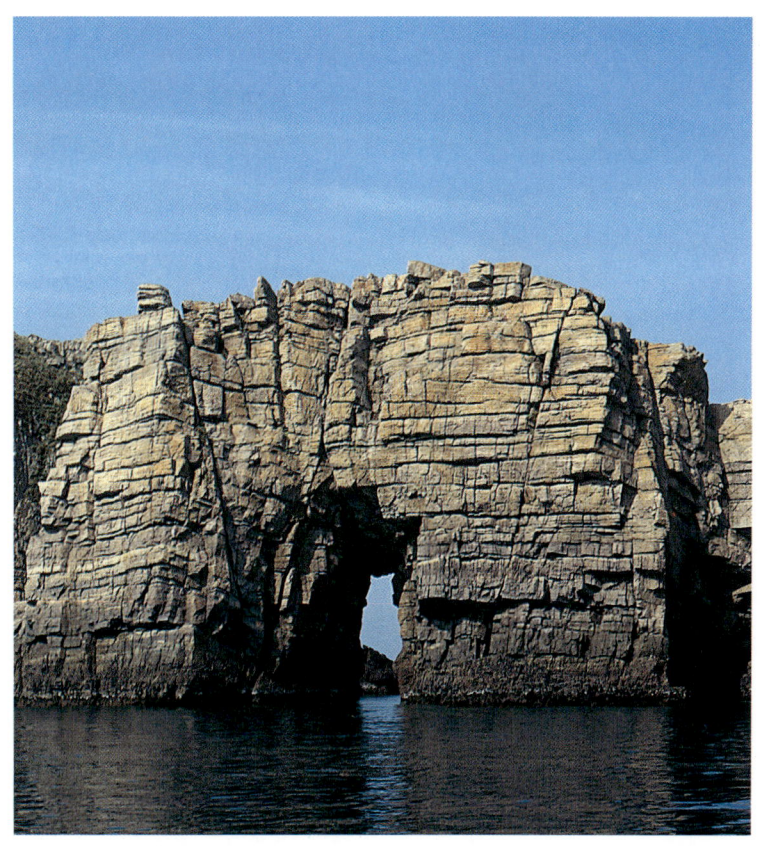

독립문바위 서울의 독립문과 모양이 흡사하여 이름붙여졌다. 지난 날 중국으로 가는 배들은 반드시 이곳을 지나갔다고 한다.

22경 석화동굴에서는 동양 최고의 일몰을 볼 수 있다. 천연 동굴로 규모가 클 뿐만 아니라 100년에 1센티미터씩 자라는 석순이 동굴의 긴 역사를 알려 준다. 해가 질 때 굴 속에서는 오색 꽃이 핀 듯한 절경을 연출한다 하여 꽃동굴이라고도 불린다.

23경인 독립문바위는 서울의 독립문과 모양이 흡사하다고 하여 이름붙여졌다. 지난날에는 중국으로 가는 배들이 반드시 이곳을 지나갔다

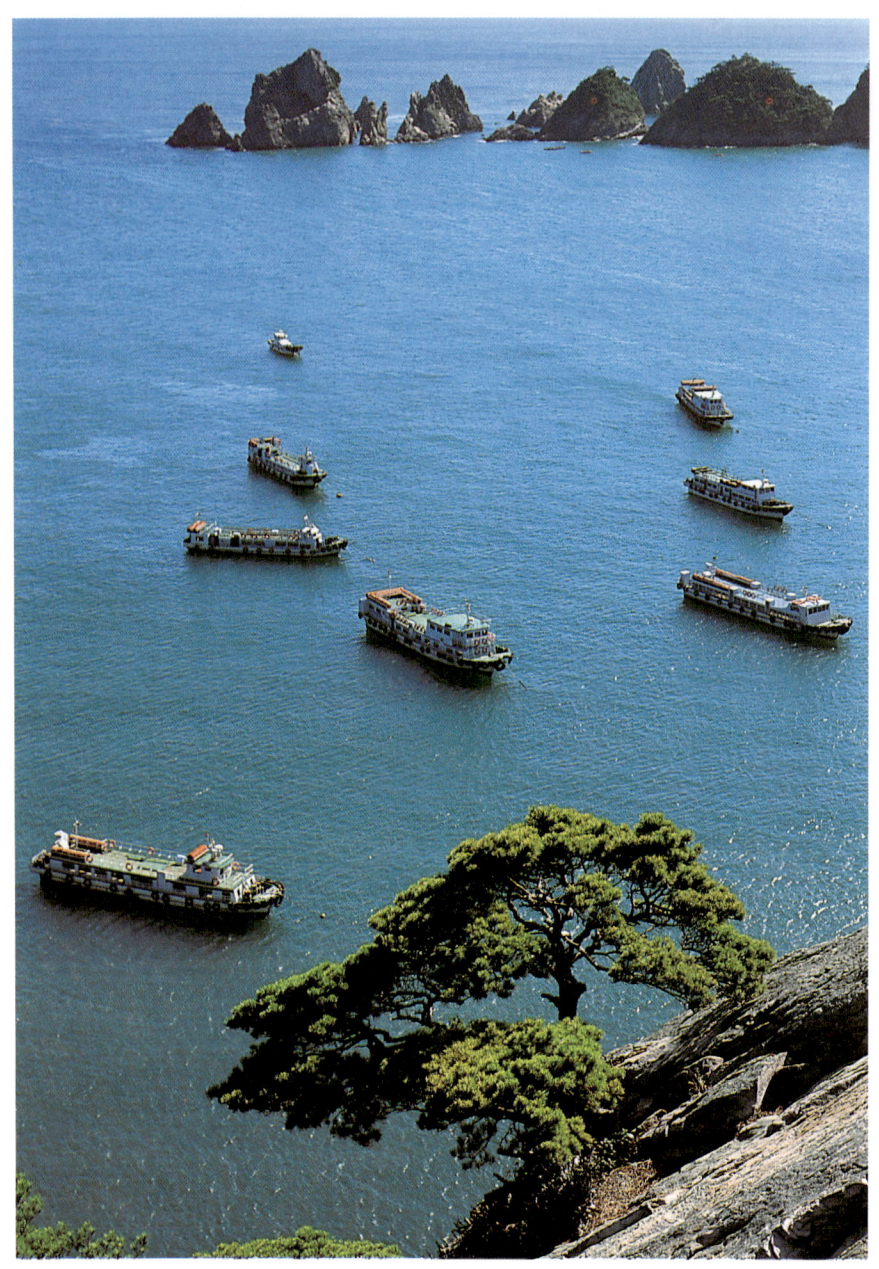

귀항하는 어선을 맞이하는 해벽의 소나무 바위에 뿌리를 내리고 거친 바닷바람을 견디며 굳건히 서 있는 나무와, 사나운 파도와 맞서는 어부의 삶이 묘한 동질감을 준다.

고 하여 문이라는 호칭을 얻었다. 24경 탑섬은 수많은 탑이 어우러져 있는 형태를 하고 있는데 낚시터로도 각광받고 있다. 그 모습이 봄에 활짝 핀 꽃같이 아름답다고 하여 영춘화라는 예명도 얻었다.

25경 대풍금은 홍도에 처음으로 사람이 살기 시작한 역사적인 곳이다. 대풍금 안에는 질그릇 파편이나 아궁이 흔적이 아직도 남아 있다. 26경은 수력말과 종바위이다. 수력말은 밀물과 썰물의 조류 차가 가장 큰 곳이다. 그래서 고깃배들은 이곳을 항상 조심하면서 지나간다. 격심한 조류 차는 종모양으로 움푹 팬 바윗돌에 부딪치면서 은은한 종소리를 낸다. 어부들은 이 종소리의 크고 작음에 따라 파도의 높이를 계산하여 항해 거리를 조정하곤 하였다. 자연에 의지하여 살아가는 어부들의 지혜이다.

27경은 망제, 28경은 벼락바위와 상하두루미섬, 29경은 슬픈여바위이다. 슬픈여바위는 바다에 일가족이 묻힌 전설을 간직하고 있다. 옛날 7남매를 두고 행복하게 살던 부부가 있었다. 이들은 명절이 다가오자 제상에 올릴 음식과 아이들 옷을 사기 위하여 육지로 나갔다. 7남매는 매일 산에 올라가 부모가 무사히 돌아오기를 기다렸다.

그러던 어느날, 수평선에 부부가 탄 돛단배가 나타났다. 7남매는 부모를 반기기 위하여 얼른 바닷가로 달려갔다. 그러나 갑자기 돌풍이 일어 부부가 탄 돛단배는 파선되어 버렸다. 이 광경을 지켜본 7남매는 넋을 잃고 부모를 애타게 부르며 바다로 걸어 들어가 바위가 되어 버렸다. 바로 이 바위가 슬픈여바위이다. 홍도 사람들은 이 바위를 7남매바위라고도 부르며 바다에 목숨을 내놓고 살 수밖에 없는 자신들의 한을 달래곤 한다.

30경은 공작새바위이고 31경은 홍어굴이다. 홍어굴은 소형 배 10여 척이 들어갈 수 있는 큰 굴이다. 주변에서 홍어잡이 하던 배들이 풍랑을 만나면 이곳으로 피항하였다 하여 홍어굴이라고 불린다. 32경은 만

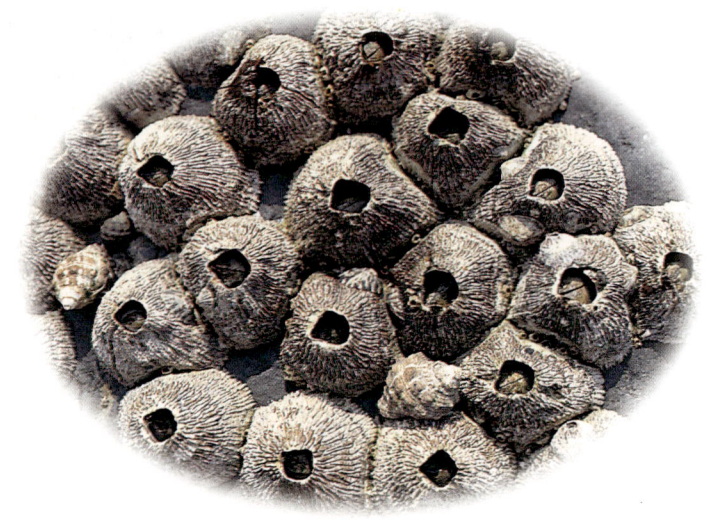

따개비 물이 빠지면 홍도 주민들은 해벽 아래에 붙은 해초류나 따개비 등을 채취하여 관광객에게 팔거나 식용으로 사용한다.

물상이며 33경은 노적산이다. 노적산을 끝으로 홍도 33경이 끝나 홍도 일주에 마침표를 찍는다.

　홍도 해안의 바위들은 모두 독특한 모양과 아름다움을 지니고 있으며 전설 또한 간직하고 있다. 그리고 사람이 조각하여 놓은 듯 모양이 절묘하며 배치 또한 거의 완벽하다.

　그러나 홍도에서 33경 이상 가는 비경은 해안 절벽에 뿌리를 내리고 사는 해송들이다. 나무의 생명력은 질기고도 강하여 바위에 뿌리를 내린 상태에서도 거친 바닷바람을 견디며 굳건히 살고 있다. 바위에 뿌리를 내린 나무들은 생존을 방해하는 바닷바람과 영양 결핍 등으로 자연 분재 상태를 이룬다. 공작새바위에서 홍어굴 주변 상단에 있는 소나무 분재군은 가히 절경이다.

홍도의 바다는 여름이면 수심 12, 3미터 아래가 보일 정도로 맑다. 이런 날 배를 타고 바다에 나가면 수족관 위를 걷고 있는 듯한 착각을 느끼게 한다. 그리고 고기떼들이 한가하게 노니는 모습을 바라보면 절로 자연친화적인 감정에 젖어들게 된다. 해안의 바위 아래는 해초류나 따개비 등으로 발 디딜 틈이 없다. 물이 빠지면 홍도 주민들은 이를 채취하여 관광객에게 팔거나 식용으로 사용하는데 지난 시절에는 홍도 주민들의 주요 소득원 역할을 하기도 하였다.

흑산도의 일주도로와 33경

10년이 걸린 일주도로 공사

해안선을 따라 흑산도를 한 바퀴 도는 일주도로는 1990년대 초에 완전히 개통되었다. 마을과 마을을 이어주는 일주도로의 개통은 흑산도로서는 역사적인 사건이었다. 본토로 말하면 경부고속도로 완공 이상의 의미를 갖는다.

일주도로의 완성으로 섬은 비로소 단일 생활권이 되었다. 일주도로가 개통되기 전에는 걸음 품을 팔거나 배편을 이용하였다. 마을과 마을 사이에는 험한 산이 가로막고 있어 자전거나 오토바이 등은 별 효용가치가 없었다. 섬 북쪽에 있는 사리에서 남쪽의 진리로 갈 때는 부지런히 걸어도 한나절 이상이 걸렸다. 그래서 주로 어선을 이용하였는데 폭풍주의보가 내려 배가 뜨지 못하면 같은 섬에 살면서도 서로 만나볼 수가 없었다.

예리항으로 들어온 관광객도 천촌리에 있는 면암최선생적로유허비(勉菴崔先生謫盧遺墟碑)를 답사하려면 다시 배를 타야 하므로 경비나 시간에서 여간 일이 아니었다. 열악한 교통망은 관광객 유치에 커다란

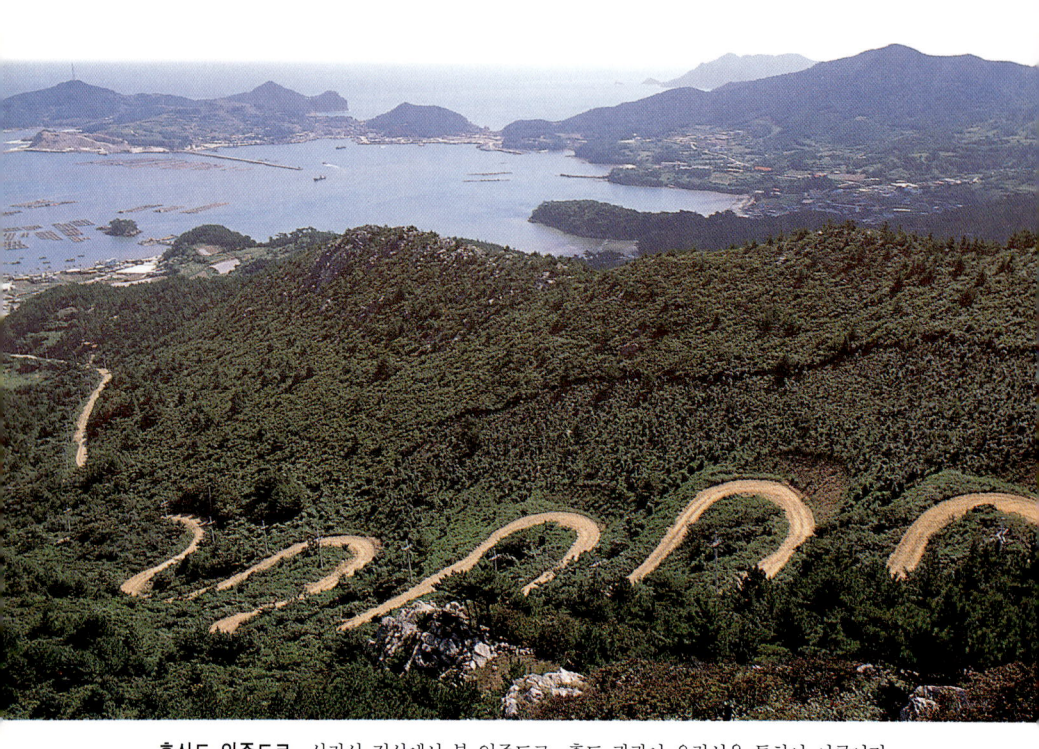

흑산도 일주도로   상라산 정상에서 본 일주도로. 홍도 관광이 유람선을 통하여 이루어진
다면 흑산도 답사는 이 일주도로를 통하여 이루어진다.

장애물이었다.

일주도로가 개통되면서 이 모든 불편은 일시에 사라졌다. 비록 흑산도 자연 경관을 해쳤다는 비난이 있을지라도 주민들 입장에서 생각하면 그것은 한가한 소리다.

일주도로를 개통하는 데는 수많은 우여곡절이 있었다. 우선 예산이 문제였다. 그리고 장비가 문제였다. 굴삭기, 트럭 등 모든 공사 장비가 목포에서 배편으로 들어와야 한다. 때문에 진척은 느리고 또 느렸다. 그래서 일주도로를 개통시키는 데 무려 10년이 걸렸다. 육지에서는 10달도 채 안 걸릴 도로가 10배가 넘는 세월을 소비한 것이다. 일주도로는 현재 비포장도로이다. 포장할 계획은 세웠는데 아직 시작도 못하고 있다. 이 역시 10년은 걸릴 거라고 주민들은 말한다.

일주도로는 비포장도로이므로 차 안에 가만히 앉아 있는데도 일주를 마치고 나면 먼지로 코끝이 매캐하고 심하게 덜컹거려 엉덩이가 쑤신다. 차의 수명도 그만큼 짧을 수밖에 없다. 그러나 관광객에게는 이 또한 색다른 느낌을 안겨 준다. 지난날 고향 길을 달리는 듯한 향수를 던져 주는 것이다. 일주도로가 완공되면서 흑산도 농협에서는 버스를 운

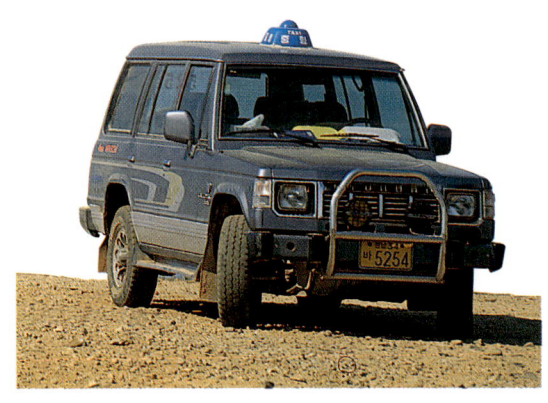

흑산도의 택시 흑산도에는 현재 8대의 택시가 있는데 비포장인 일주도로의 여건을 고려하여 택시들은 모두 지프이다.

행하고 있다. 예리를 기점으로 하여 샘골, 가는게, 청촌, 천촌, 소사리까지 하루에 세 번 운행하며 예리에서 진리 그리고 예리에서 진리를 거쳐 읍동까지는 비교적 자주 운행한다. 버스가 다니면서 주민들의 삶에도 많은 변화가 생겼다.

흑산도 구석구석을 답사하려면 버스보다는 택시를 이용하는 것이 좋다. 흑산도 택시는 도로 여건상 모두 지프인데 지프를 타고 일주하는 시간은 보통 2시간 남짓 걸리며 요금은 4~5만 원 선이다. 흑산도 택시 기사들은 안내원 역할도 톡톡히 한다. 홍도 유람선 선장이 그러하듯 이곳 택시 기사들은 흑산도의 역사에서부터 주민들의 생활상, 특산물 등에 정통하다. 흑산도 33경도 줄줄이 꿰고 있다.

홍도 관광이 유람선을 통하여 이루어진다면 흑산도 답사는 이 일주도로를 통하여 이루어진다. 일주도로를 타면 흑산도의 모든 것을 볼 수 있다. 섬은 대부분 해안선을 따라 마을이 발달되어 있고 볼 거리도 해안에 밀집되어 있는 까닭이다.

일주도로는 육지의 영(嶺)을 방불케 할 정도로 험하고 구불구불하다. 하지만 창 밖으로 보이는 바다와 섬의 경치를 즐기다 보면 길이 험하다는 사실은 어느새 잊어버리게 된다. 또한 적당한 거리를 두고 지장암, 면암최선생적로유허비, 양식장, 후박나무 자생지, 처녀당, 용신당, 초령목 등을 볼 수 있어 아기자기한 맛도 풍긴다.

섬과 사람의 만남, 흑산 33경

흑산 33경은 홍도 33경과 마찬가지로 해안 절벽의 아름다움이 기초를 이룬다. 홍도와 다른 점이 있다면 홍도의 바위들은 대부분 섬과 붙어 있지만 흑산도 해안의 바위들은 섬에서 약간씩 떨어져 있다는 점이다. 그래서 홍도 해안의 바위들은 섬에서는 전부를 볼 수 없지만 흑산도 해안의 바위들은 바다는 물론 섬에서도 볼 수 있다. 흑산 33경은 섬의 정취와 풍속, 문화재까지 포함하고 있다. 일출지, 식물 군락지, 가두리 양식장, 항구의 갈매기, 성황당 등 흑산도의 관광 자원은 다양하다. 심지어 멸치젓 삭히는 항아리들까지 볼 거리를 제공한다.

흑산 33경은 1경인 학바위에서 시작한다. 2경 칠성동굴, 3경 스님바위, 4경 도승바위, 5경 촛대바위, 6경 어머니바위, 7경 원숭이바위, 8경 물개바위, 9경 공룡바위, 10경 쌍룡동굴, 11경 고래바위, 12경 천지, 13경 지도바위, 14경 석주대문, 15경 구렁바위, 16경 간첩동굴, 17경 상라산 일출, 18경 해상 가두리 양식장, 19경 진리 처녀당, 20경 육상 종묘 배양장, 21경 동백나무 군락지, 22경 상라봉 정상에서 보는 흑산도 전경, 23경 수중다리, 24경 반월성에서 보는 예리항, 25경 지장암과 면암최선생적로유허비, 26경 예리항 갈매기, 27경 곤촌리 후박나무 자생지, 28경 상수원 저수지, 29경 초령목, 30경 멸치젓 삭히는

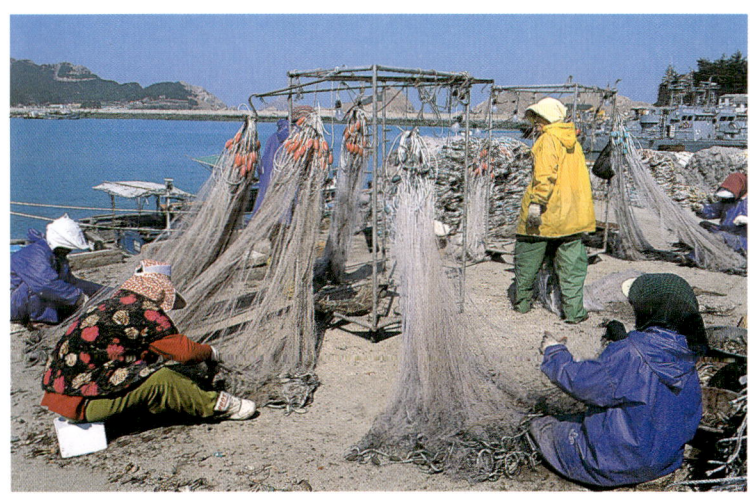

그물을 손질하는 주민들 흑산도에서는 바다를 생활 터전으로 하여 살아 가는 어부들의 고단한 삶을 곳곳에서 체험할 수 있다.

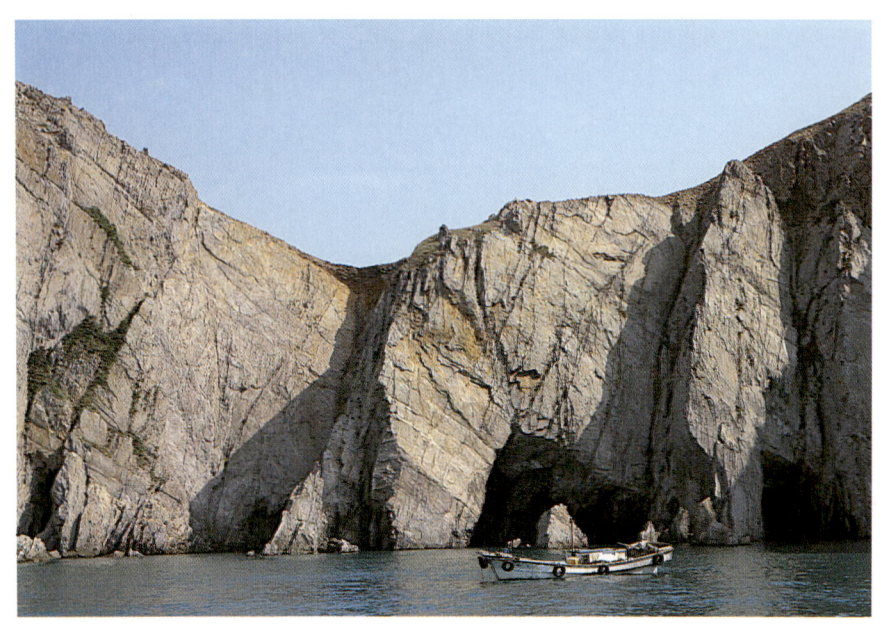

쌍룡동굴 두 마리 용을 눈 앞에서 만난 듯, 웅장한 바위의 무게가 눈길을 잡아 끈다.

항아리, 31경 상라산 일몰, 32경 멸치 건조 광경, 33경 흑산도 아가씨 노래비 등이다.

16경까지는 모두 바위에 관한 것들인데 이들은 나름대로의 자태와 전설을 간직하고 있다. 제1경 학바위는 학을 닮았다고 하여 붙여진 이름이다. 그러나 고고한 학이 아닌 애달픈 학의 모습이다. 전설이 없을 수가 없다. 먼 옛날 한 쌍의 학이 이곳으로 날아와 새끼를 기르며 평온하게 살았다. 그러던 어느날 먹이를 찾아 나섰던 남편 학이 급습한 태풍에 밀려 실종되었다. 아내 학은 돌아오지 않는 남편 학을 기다리며 화석이 되어갔다. 그 화석이 바로 학바위이다.

이 전설은 이야기의 전개가 홍도의 도승암 전설과 흡사하며 신라 망

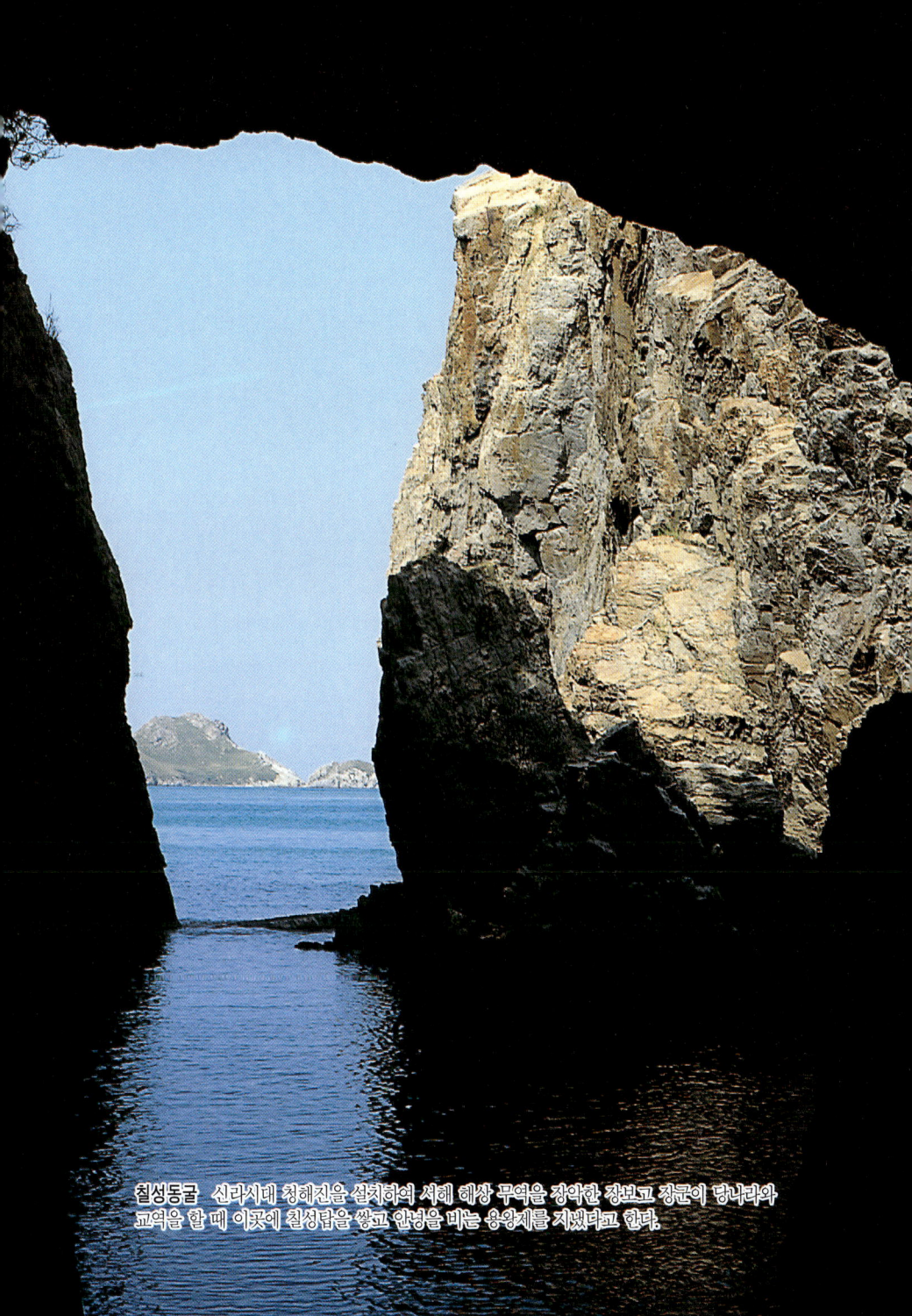

칠성동굴 신라시대 청해진을 설치하여 서해 해상 무역을 장악한 장보고 장군이 당나라와
교역을 할 때 이곳에 칠성탑을 쌓고 안녕을 비는 용왕제를 지냈다고 한다.

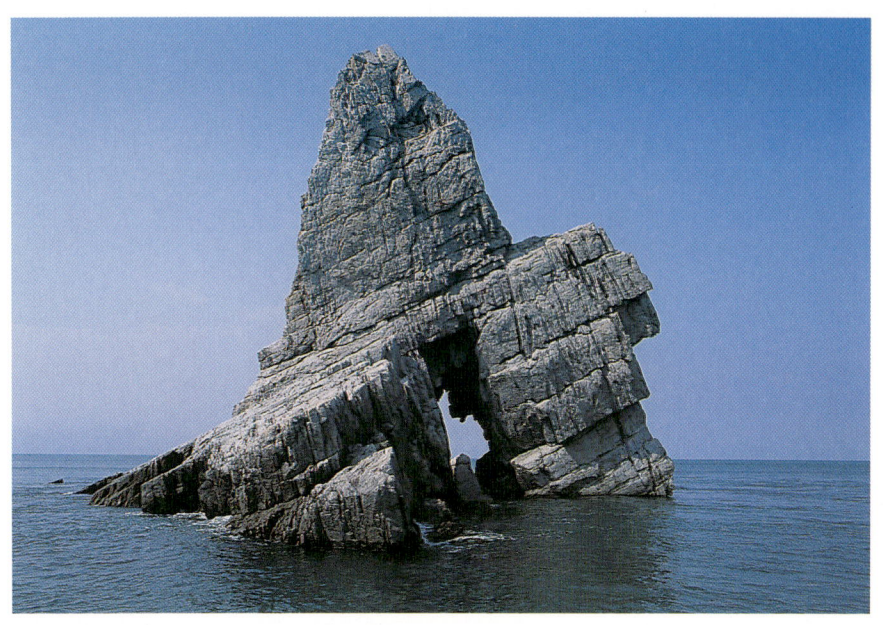

촛대바위 날카로운 바위의 위용을 자랑하는 흑산 5경 촛대바위. 돛단배를 닮아 돛대바위라고 불리기도 한다.

부석 전설과도 일맥 상통하는 점이 있다. 이런 전설이 널리 퍼져 있는 것은 바다에 숱하게 피붙이를 묻으며 살아온 섬사람들의 애환인 동시에 우리 민족의 정서를 대변하기 때문인 것으로 보인다. 정월 초하루가 되면 흑산도 사람들의 관심은 학바위에 집중된다. 그날 바라본 학바위가 평소보다 작고 야위어 보이면 흉어가 들고 크고 살찐 모습으로 보이면 풍어가 든다는 속설 때문이다. 그래서 이 바위를 풍년학이라고도 부른다.

2경인 칠성동굴은 장보고와 관련된 그럴듯한 전설을 간직하고 있다. 칠성동굴은 높이가 20여 미터에 이를 정도로 큰 동굴인데 안으로 들어가면 7개의 동굴로 나누어진다. 그래서 칠성동굴이다. 신라시대 청해진을 설치하여 서해 해상 무역을 장악한 장보고 장군이 당나라와 교역

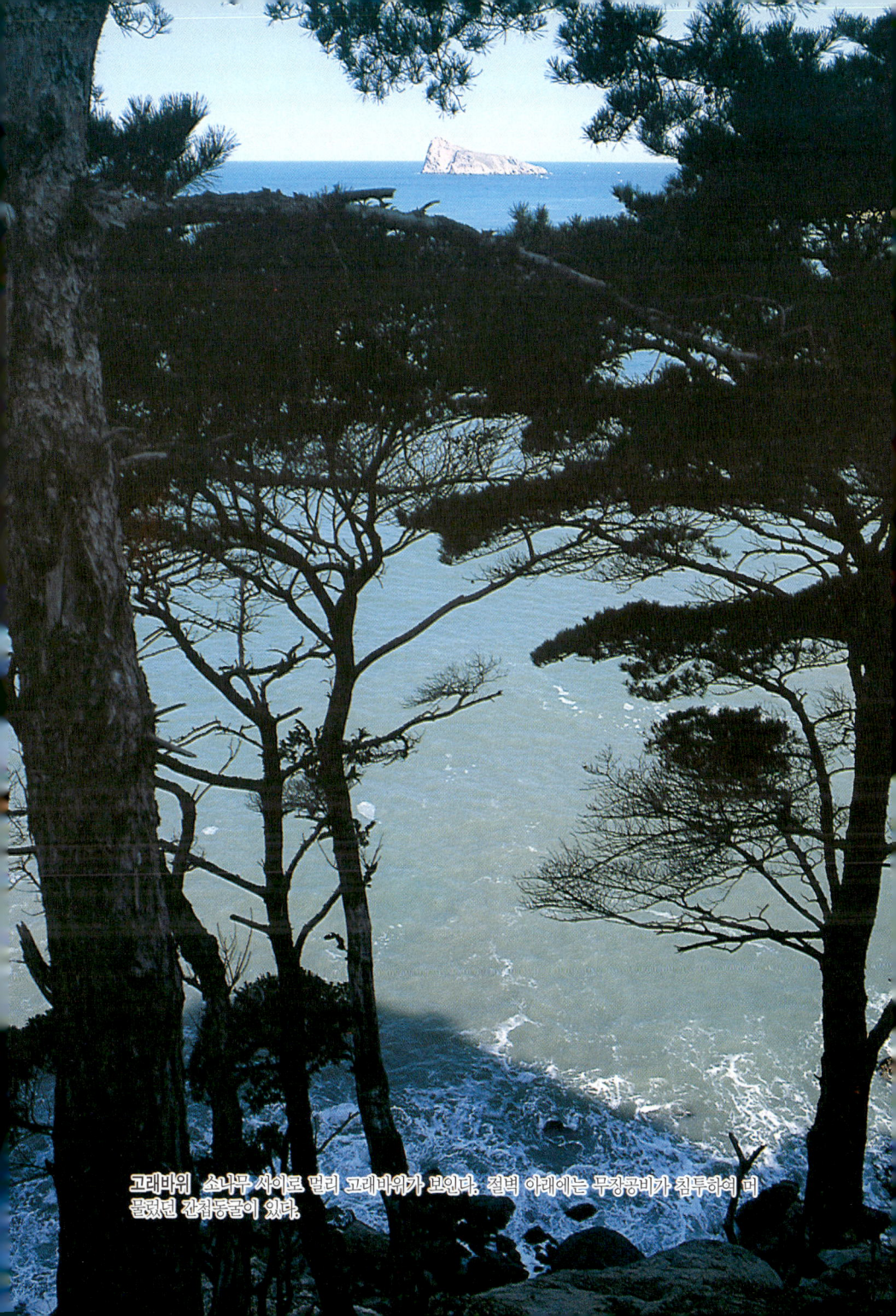

고래바위 소나무 사이로 멀리 고래바위가 보인다. 절벽 아래에는 무장공비가 침투하여 머물렀던 간첩동굴이 있다.

을 할 때 이곳에 칠성탑을 쌓고 안녕을 비는 용왕제를 지냈다고 한다. 청해진에서 당나라로 갈 때 이곳을 거쳐갔을 터이므로 이 전설은 전설 이상의 의미를 지니고 있다. 흑산도 사람들은 만조일 때 작은 전마선을 타고 칠성동굴에 들어가 소원을 빌면 반드시 이루어진다고 믿고 있다. 이곳은 여름에는 뱃놀이를 즐기는 피서지이기도 하다.

3경인 스님바위는 먼산을 향하여 스님이 두 손을 합장하고 있는 듯한 모양을 하고 있다. 어선들의 안녕과 만선을 기원하고 있는 듯한 이 바위는 배를 타고 가다 보면 처음에는 곰으로 보이고 이어 인자한 어머니의 모습을 보여 준다. 그리고 마지막에 스님 모습을 하고 있다.

5경인 촛대바위는 높이 50미터 정도의 뾰족한 삼각 형태를 하고 있다. 돛단배를 닮아 돛대바위라고도 하는데 하늘이 절로 높아지는 가을철, 바위 상단에 한 조각 구름이라도 걸리게 되면 그야말로 장관이다. 다도해해상국립공원을 대표하는 명소 중의 하나로 그림 엽서를 장식하기도 한다.

13경인 지도바위는 마리와 비리 사이에 있는데 바위 가운데 커다란 구멍이 뚫려 있다. 이 구멍은 처음에는 중앙아시아 모양으로 보이다가 어느 시점에 가면 우리나라 지도로 보인다. 그 지도 모양이 너무 정교하여 보는 이들이 모두 놀랄 정도이다. 14경인 석주대문은 어선 여러 척이 나란히 통과할 정도로 크다. 바다를 향하여 힘차게 내달리던 바위가 끝에 가서 계란 모양의 큰 동굴을 만들며 절경을 이루고 있다.

16경인 간첩동굴은 민족 분단의 아픔을 간직하고 있다. 1969년 6월 12일 북한의 무장간첩이 흑산도에 상륙하여 이곳 동굴에 숨었다. 숨어 있기에 더없이 적합한 조건을 갖춘 곳이라 무려 5일 동안 특전사와 대치하였다. 결국 침투 간첩 15명 전원은 사살되었고, 그 후 흑산도 사람들은 이곳을 간첩동굴로 부르고 있다. 이 밖에도 물개바위에는 권선징악을, 구렁바위에는 승천의 희망을 간직한 구렁이의 전설이 담겨 있다.

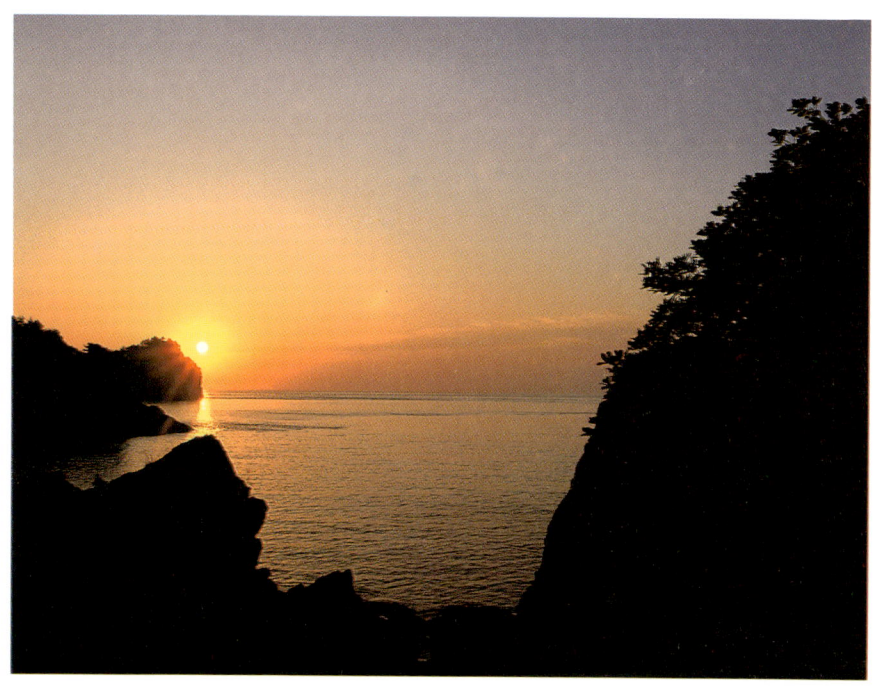

대목에서 본 일출 흑산도의 일출은 동해안 일출을 압도하는 열정이 있다. 수평선을 붉게
태우듯 솟아오르는 태양은 황홀경 그 자체이다.

17경부터는 흑산도의 정취와 문화재를 비경으로 삼고 있다. 17경은
상라산 일출인데 상라산은 흑산도를 대표하는 산으로 예리 항구를 끼
고 있다. 이곳의 일출은 동해안 일출을 압도하는 열정이 있다. 수평선
을 붉게 태우듯 솟아오르는 태양은 황홀경 그 자체이다. 이곳에서 일출
을 보고 홍도에서 일몰을 보면 우리나라를 향하여 해가 뜨고 지는 장관
을 모두 볼 수 있다.

18경 해상 가두리 양식장은 인간의 지혜로운 삶을 보여 준다. 청정
해역에 농지 정리가 잘된 농경지같이 떠 있는 가두리 양식장의 어류는

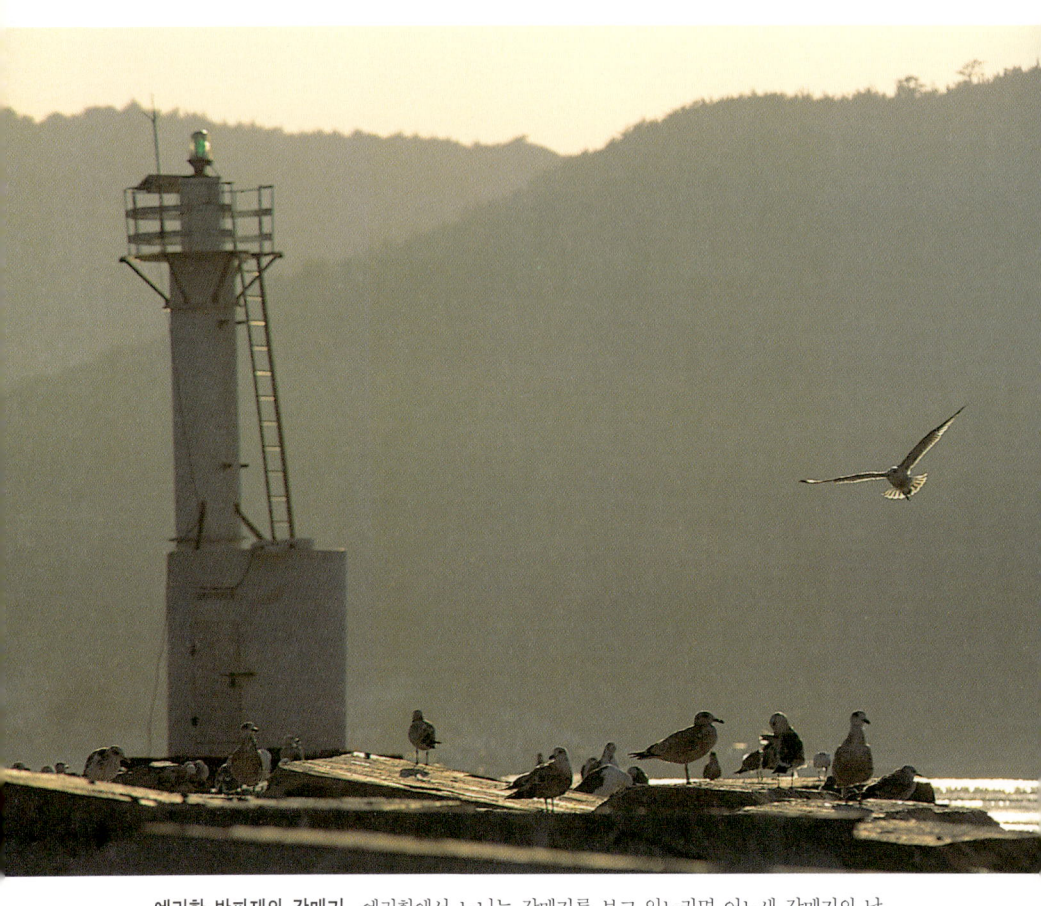

예리항 방파제와 갈매기 예리항에서 노니는 갈매기를 보고 있노라면 어느새 갈매기의 날 개짓에 못다 이룬 꿈을 담고 있는 자신을 발견하게 된다.

흑산도 주변 해역에서 잡은 싱싱한 고기를 먹고 자라 자연산에 버금가는 맛을 간직하고 있다. 19경 진리 처녀당은 흑산도 최고, 최대의 당집이라고 할 수 있는데, 피리 부는 소년의 전설로 애끓는 사연을 전하고 있다. 보존도 깔끔하게 되어 있다.

21경인 동백나무 군락지는 흑산의 색깔이며 모습이기도 하다. 흑산도 곳곳에 무리지어 자생하고 있는 동백나무는 바닷바람에 씻어낸 푸르름이 육지 것과는 확연하게 구분이 된다. 일주도로 주변과 정상 등지에 군락지가 보기 좋게 조성되어 있다. 동백나무 군락지는 초봄이면 꽃이 피기 시작하는데 해풍의 영향인지 수는 많지 않다. 잎 사이에서 수줍게 자태를 드러내는 동백꽃은 그래서 더 아름답다.

상라봉 정상에서 바라보는 흑산도 전경은 22경으로 꼽힌다. 상라봉 정상에 서면 먼저 가슴이 트이고 이어 마음이 열린다. 이곳에서는 예리 항구가 한눈에 들어오며 멀리로는 홍도, 장도, 대둔도 등의 주변 섬들이 조망된다. 바다와 더불어 사는 어부들의 생기도 그대로 느낄 수 있다. 23경은 미완성된 수중다리이다. 일제시대에 흑산도와 인근의 섬인 장도 사이에 수중다리를 놓으려고 하였다는데 무슨 이유인지 중도에 공사를 중지하여 흔적만 남아 있다. 이 흔적은 바다가 잔잔한 날이면 보이곤 한다.

예리항 갈매기는 26경을 장식한다. 항구에서 비상하는 갈매기가 왜 절경을 이루는지, 그 갈매기가 어떻게 보는 이의 꿈과 애증을 끌어안고 비상하는지는 그곳에 가봐야만 알 수 있다. 예리항을 날아다니는 갈매기는 여타 항구에서 노니는 갈매기와는 확연하게 구분된다.

30경과 32경은 멸치와 관련된 비경이다. 흑산도에서 잡히는 어류 중 유명한 것은 홍어이나 주민의 실생활에 도움을 주는 것은 멸치다. 봄에 잡히기 시작하여 겨울이 오면 자취를 감추는 멸치는 흑산도의 큰 수입원이다. 주민들은 멸치를 잡아 생활하고 객지에 나간 자식들 학비와 일

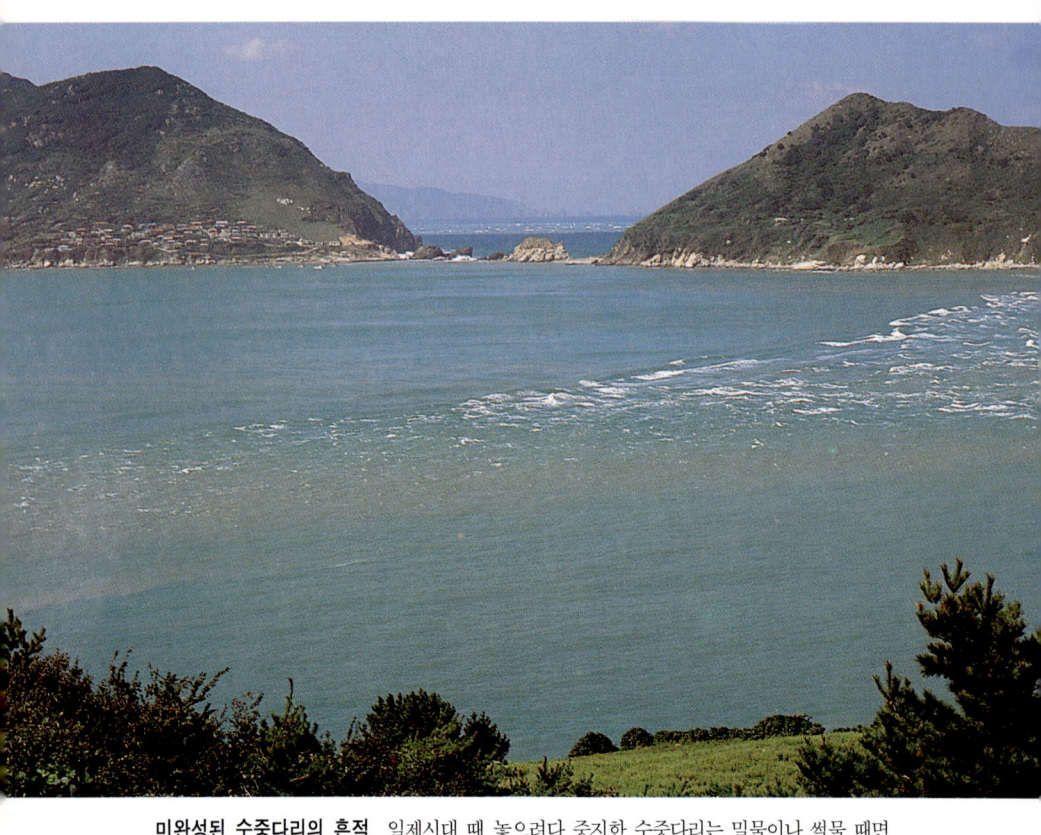

미완성된 수중다리의 흔적 일제시대 때 놓으려다 중지한 수중다리는 밀물이나 썰물 때면 바닷물이 여울지면서 그 흔적이 드러난다.

용품을 조달한다. 흑산 멸치는 한창 때면 뜰, 인근 공터, 담은 물론 방 안까지 완벽하게 점령한다. 그래도 모자라 산에다가 널어 말릴 때도 허 다하다. 흑산도 마을 마을이 멸치로 뒤덮일 때 주민들의 마음은 가장 넉넉해진다. 흑산도를 뒤덮는 멸치떼, 그 멸치떼가 햇살을 받아 반짝이 는 모습은 보는 이에게 활력을 준다. 섬사람들은 이 무렵이면 인심이 후해져 구경꾼들에게 멸치를 한 움큼씩 집어 준다. 손도 커 한 됫박은 족히 될 성싶다.

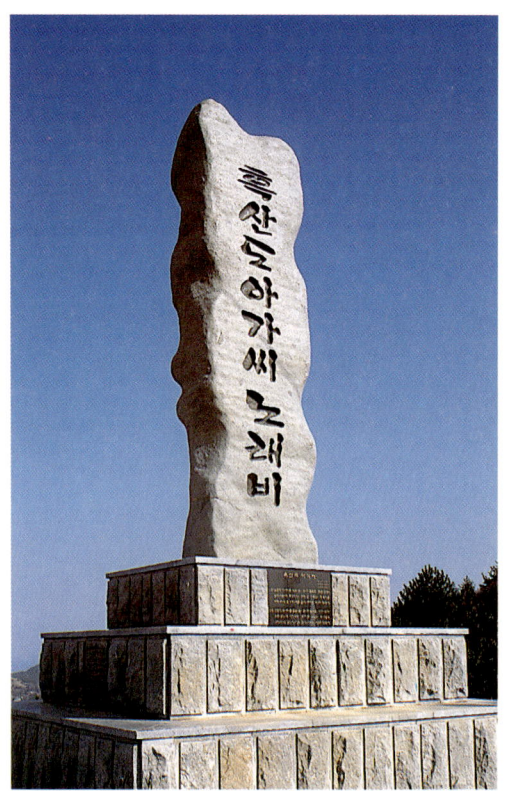

흑산도 아가씨 노래비 외딴 섬 처녀의 애환을 담은 이미자 씨의 노래를 기념하기 위하여
세운 노래비로 일주도로 변에 있다.

　이 멸치는 젓으로 담가지기도 하는데 한 가구당 수십 통씩 항아리에
담아 집 주변에 세워 놓는다. 마을 공터마다 일렬로 서 있는 멸치젓 항
아리 풍경은 시골집 처마에 매달린 호박 못지 않은 정겨움을 안겨 준
다. 흑산도의 멸치 말리는 풍경과 멸치젓 항아리는 그래서 30경과 32
경을 이룬다.
　마지막 33경은 흑산도 아가씨 노래비이다. 흑산도로 대변되는 외딴
섬 처녀의 애환을 담은 이미자 씨의 노래를 기념하기 위하여 세운 이

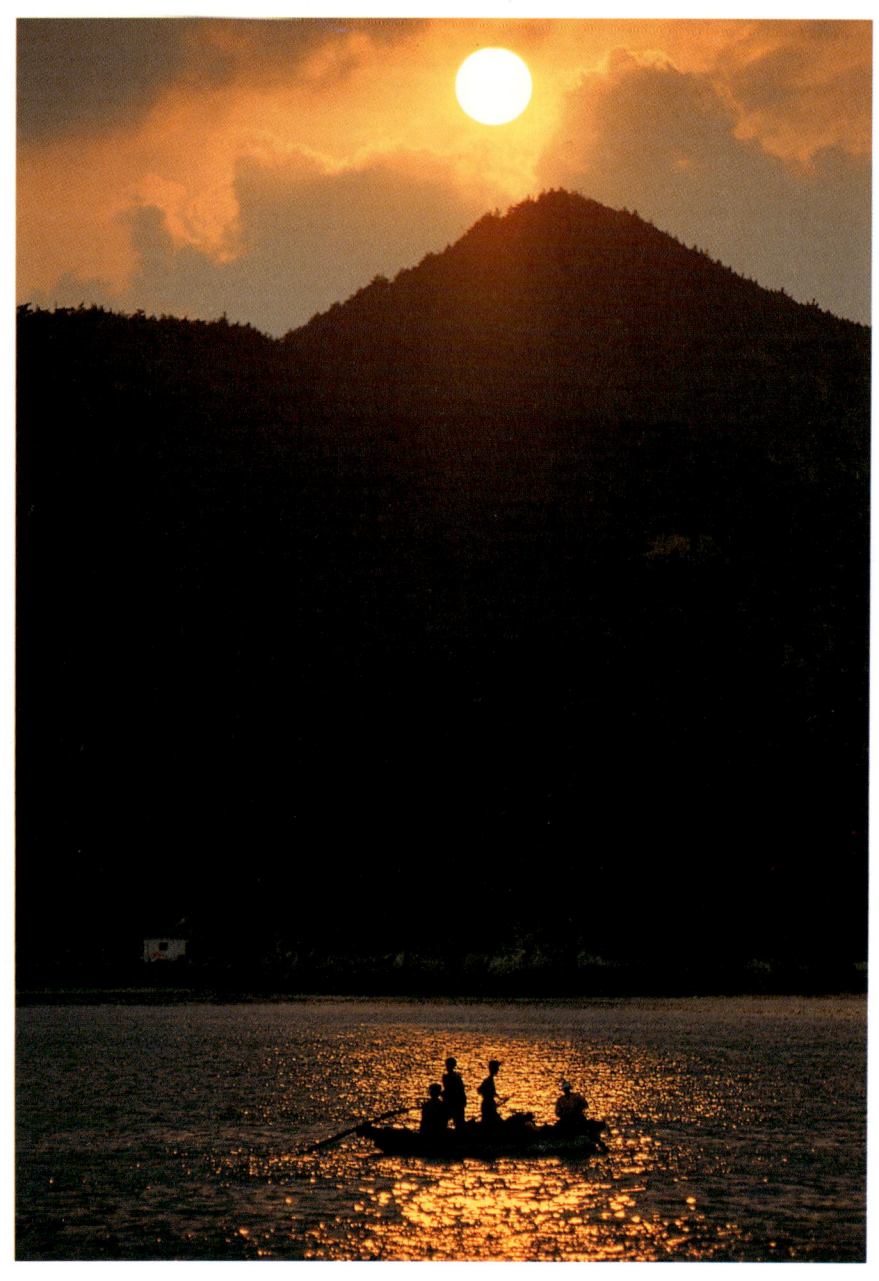

흑산 앞바다의 일몰 흑산도는 섬사람들의 질펀한 삶이 묻어 있는 섬이다. 그래서인지 흑산도의 일몰은 무사히 하루를 보낸 사람들의 편안함이 배어 있다.

노래비는 일주도로 변에 서 있다. 500원을 투입하면 노래가 나오는 장치가 있어 관광객들의 호기심을 자아내고 있다.

흑산도 33경은 자연 경관과 유적, 유물 그리고 주민들의 생활 모두를 아우르고 있다는 특징이 있다. 그리고 일주도로를 타고 흑산도를 한 바퀴 돌면 대부분 감상할 수 있다는 편리성도 있다. 흑산도 33경은 홍도 해안 바위들의 아름다움과는 또 다른 섬사람들의 질펀한 삶이 묻어나 관광객들에게 활력을 준다.

해수욕장

홍도와 흑산도는 섬임에도 불구하고 해수욕을 즐길 만한 곳이 많지 않다. 흑산도의 진리해수욕장, 세께해수욕장 그리고 홍도의 홍도해수욕장이 전부이다. 관광지로 이름을 얻은 섬임에도 불구하고 의외로 유명 해수욕장은 없다.

진리해수욕장

진리해수욕장은 흑산도 진리에 있다. 주민들은 배낭기미해수욕장이라고도 부른다. 자갈과 고운 모래로 형성된 백사장의 길이는 200미터, 폭은 60미터 정도로 반구형이다. 규모는 크지 않으나 모래가 깨끗하고 수심이 얕다. 또한 주변에 천연동굴이 산재하여 있고 수림이 울창하여 자연에 푹 안긴 느낌을 준다.

진리해수욕장은 흑산도 아름다움의 일부를 이루고 있는 물개바위, 촛대바위, 도승바위, 학바위, 쌍룡동굴, 어머니바위, 칠성동굴, 홍어굴 등을 한눈에 조망할 수 있는 지리적인 이점이 있다. 그러나 규모가 협소하고 부대 시설이 제대로 조성되어 있지 않아 이용객은 적은 편이다.

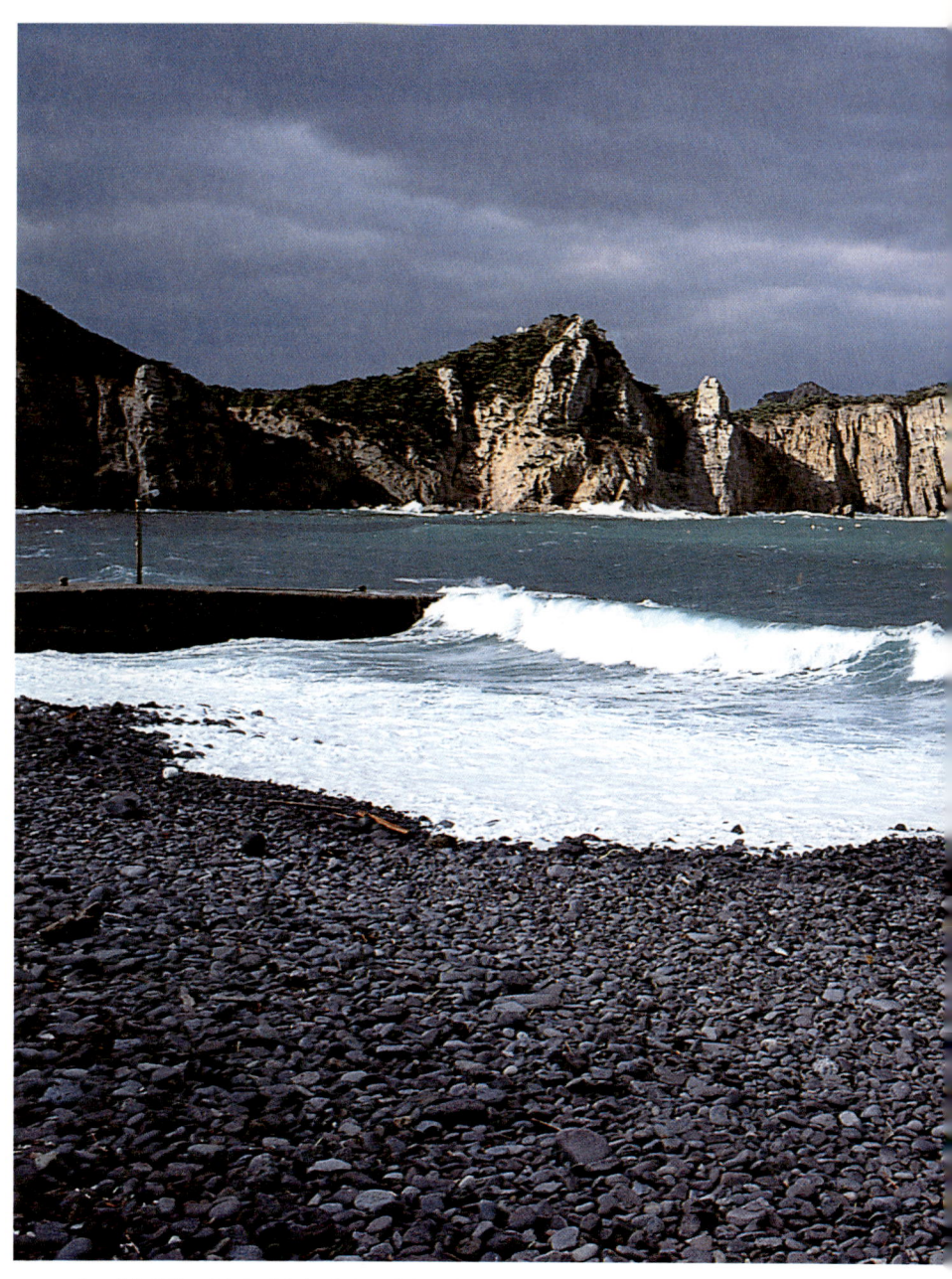

홍도해수욕장 해안의 경사가 심하고 바닥이 암반이나 빠돌로 형성되어 있으므로 바다에 들어가는 것보다 해변에서 파도를 즐기는 기쁨이 크다.

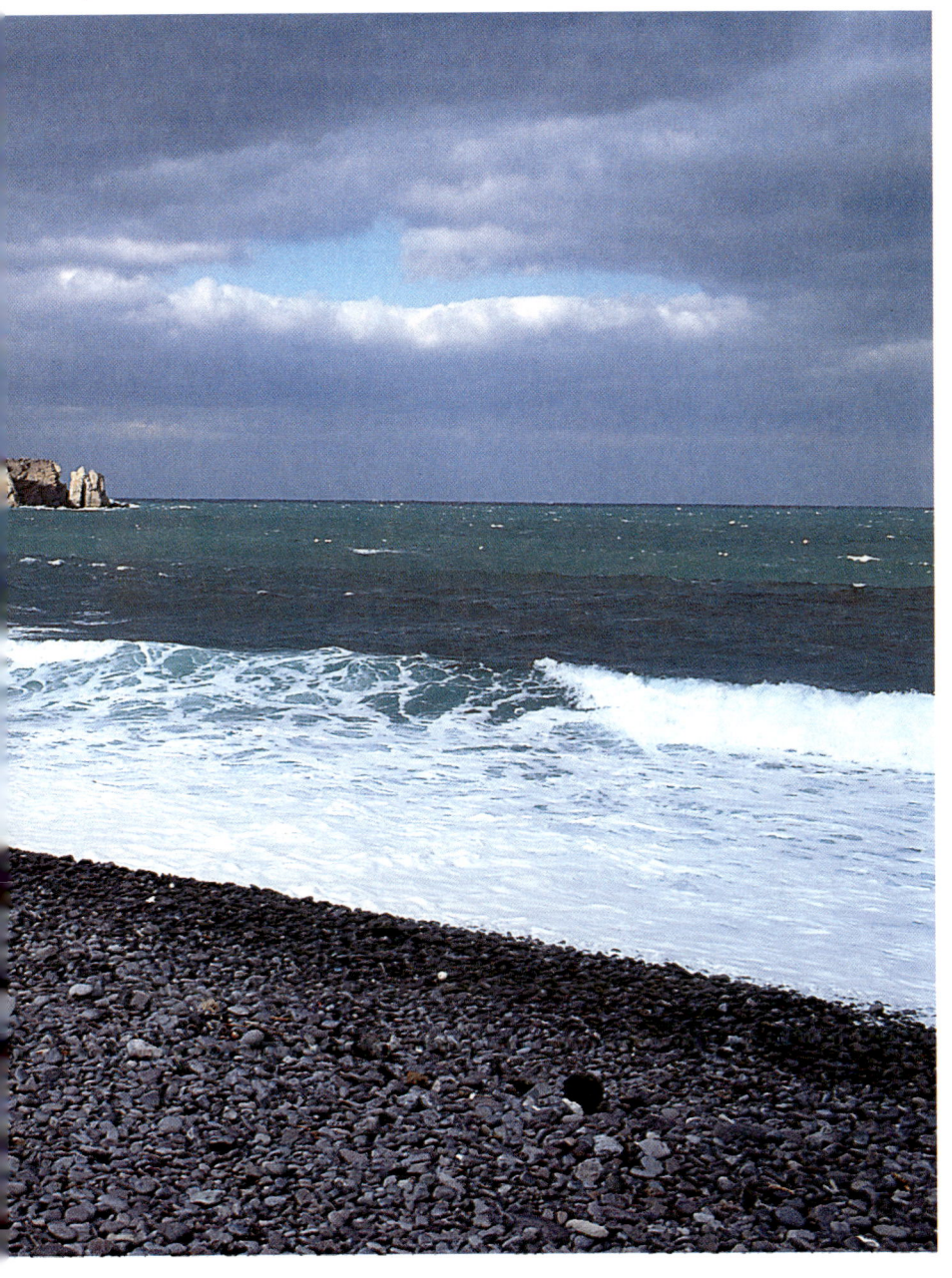

홍도해수욕장

홍도해수욕장은 모래가 한 알갱이도 없다. 해변이 전부 빠돌로 형성되어 있다. 빠돌이란 파도에 단련되어 둥글어진 돌을 말한다. 그래서 이곳 사람들은 이 해수욕장을 빠돌해수욕장이라고 부른다. 홍도해수욕장은 길이 600여 미터에 폭은 70미터 정도이다. 비교적 많은 해수욕객을 수용할 수는 있으나 해수욕을 즐길 만한 입지는 갖추지 못하였다. 해안의 경사가 심하고 바닥이 암반이나 빠돌로 형성되어 있어 바다에 들어가는 것보다 해변에서 파도를 즐기는 기쁨이 크다.

그러나 이 해수욕장은 주변 경관이 뛰어나고 갓 잡은 활어를 즐길 수 있으며 아름다운 낙조를 볼 수 있는 곳이다. 이곳 사람들은 홍도해수욕장에서 바라보는 낙조가 동양 최대의 낙조라고 자랑한다. 스킨 다이빙도 할 수 있다. 홍도해수욕장 옆에는 가건물로 지은 횟집이 들어서 있어 자연산 회를 맛볼 수 있으며 샤워 시설, 숙박 시설 등도 완벽하게 조성되어 있다. 홍도해수욕장은 여름철에는 배가 들어오는 길목이 되기도 한다.

인간과 자연의 발자취를 따라

　　1986년 목포대학교 박물관은 흑산도에서 신석기시대 유물을 발굴하였다. 이로 인하여 흑산도의 역사는 신석기시대 후기까지 거슬러 올라가게 되었다. 홍도는 이보다 훨씬 뒤인 조선 숙종 4년(1678년)에 제주 고씨 일가가 처음으로 들어와 삶의 터전을 마련하였다는 기록이 전하고 있다.

　　그러나 역사상 별로 조명을 받아본 적이 없는 두 섬에 관한 기록은 거의 남아 있지 않다. 신라시대 서해안을 기반으로 해상 무역을 주도하던 장보고 왕국의 영화도 이곳은 비껴 갔다. 임진왜란 때 이순신 장군이 기록한 그 찬란한 해전도 이곳과는 무관하다. 단지 장보고 장군과 연관된 그럴듯한 전설만 바위 곳곳에 새겨져 있을 뿐이다.

　　흑산도와 홍도에 살던 섬사람들이 역사의 전면에 부각된 적도 없다. 인근 안태도 사람들이 1922년에 벌였던 소작 쟁의 같은 민중 투생의 역사도 이곳에서는 발견되지 않는다. 그러나 흑산도 곳곳에는 나름대로의 크고 작은 역사의 흔적과 사람의 자취가 남아 지난 일들을 증언하고 있다.

　　흑산도와 홍도가 인구에 회자되기 시작한 것은 20세기 후반에 들어

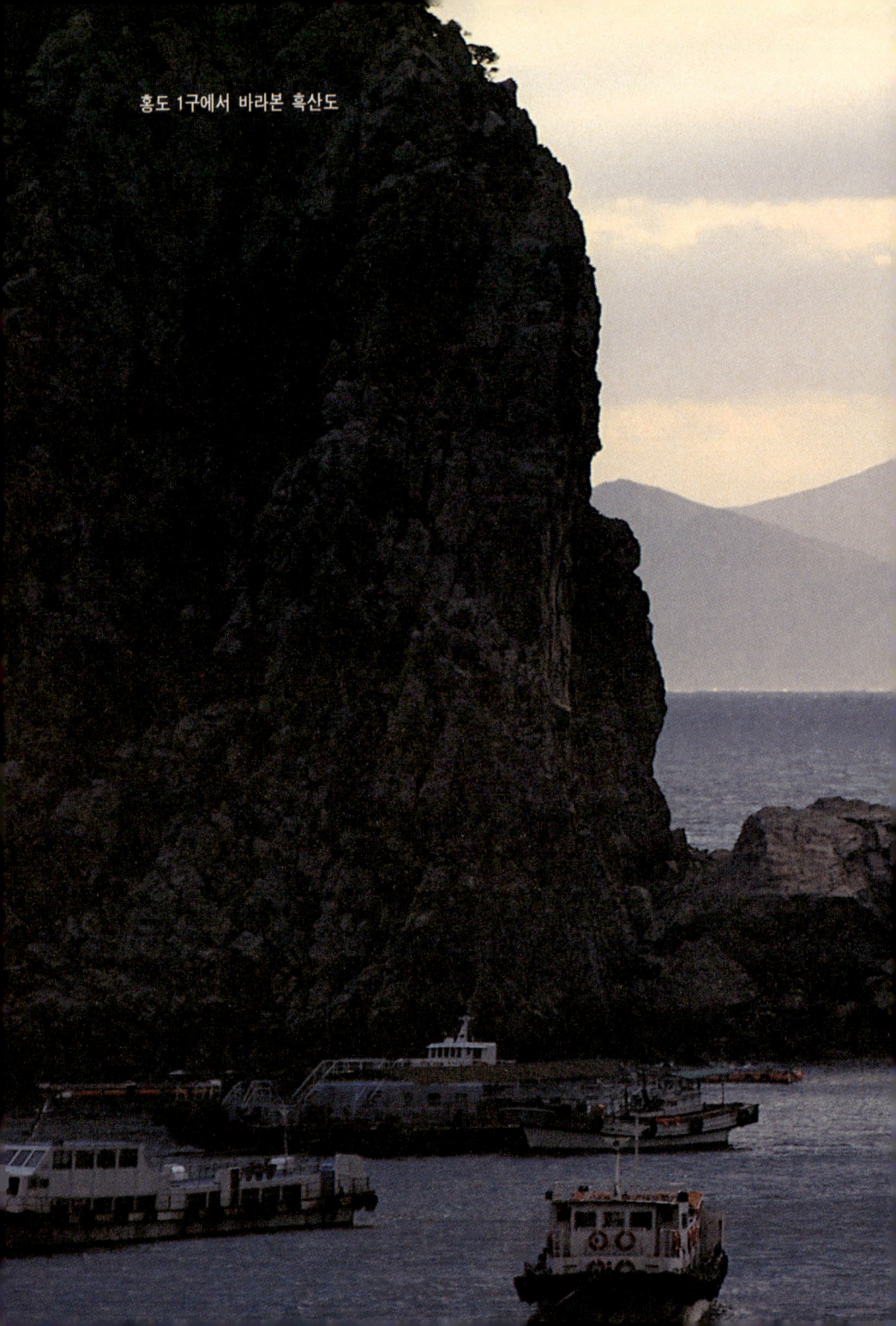

홍도 1구에서 바라본 흑산도

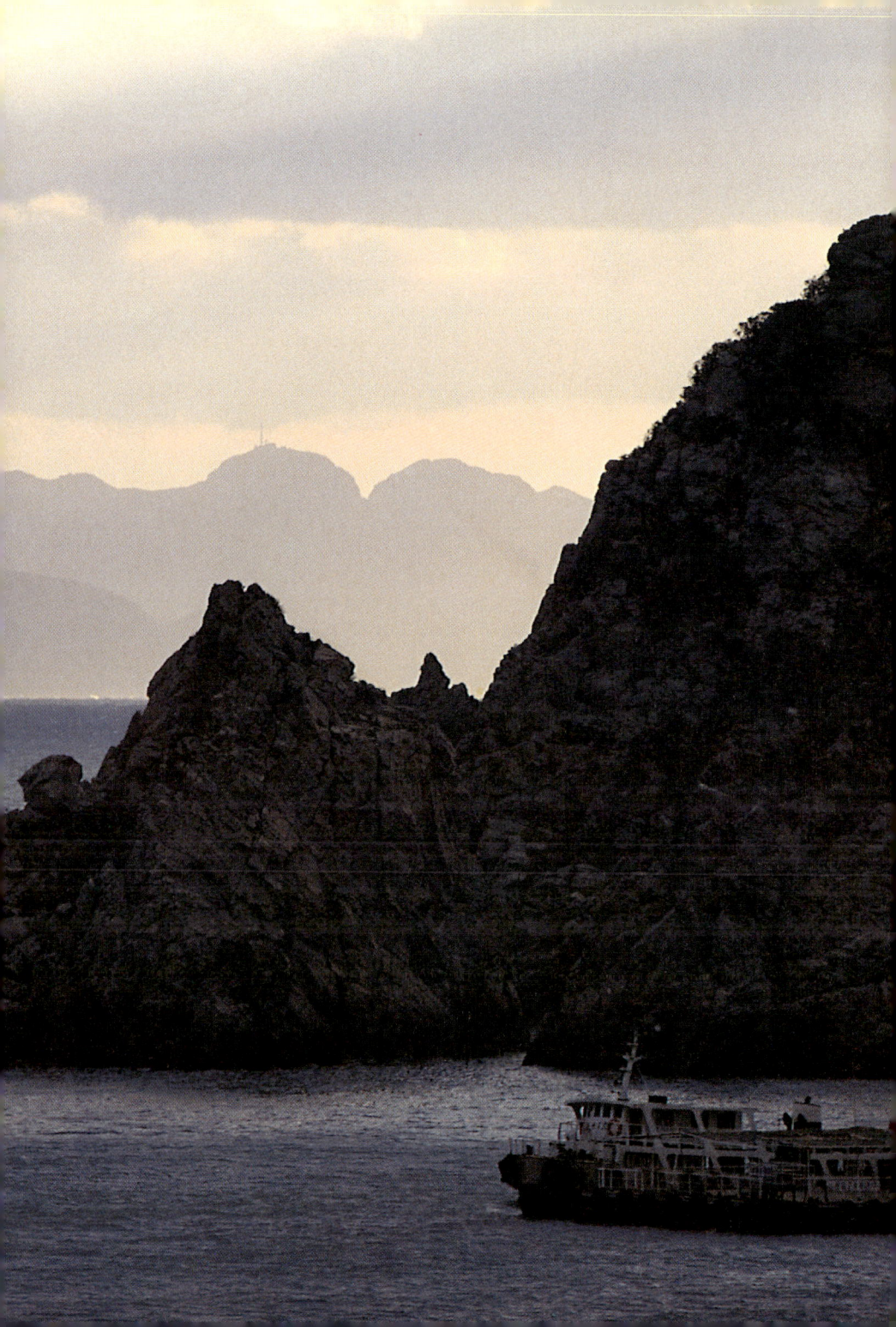

서이다. 인간이 만든 문화가 아닌 조물주가 만든 빼어난 자연 작품이
사람들을 끌어들이고 있다. 그리고 흑산도와 홍도에 터를 잡고 살아가
는 동식물들 가운데에는 다른 지방의 고색창연한 유물이나 유적 못지
않은 귀중한 가치를 지닌 것들이 많이 있다.

흑산도의 문화 유적

흑산도에 남아 지금까지 전해지고 있는 유적과 유물은 지석묘군, 반
월성, 삼층석탑과 석등, 봉화대, 손암 정약전(巽庵 丁若銓) 선생을 기

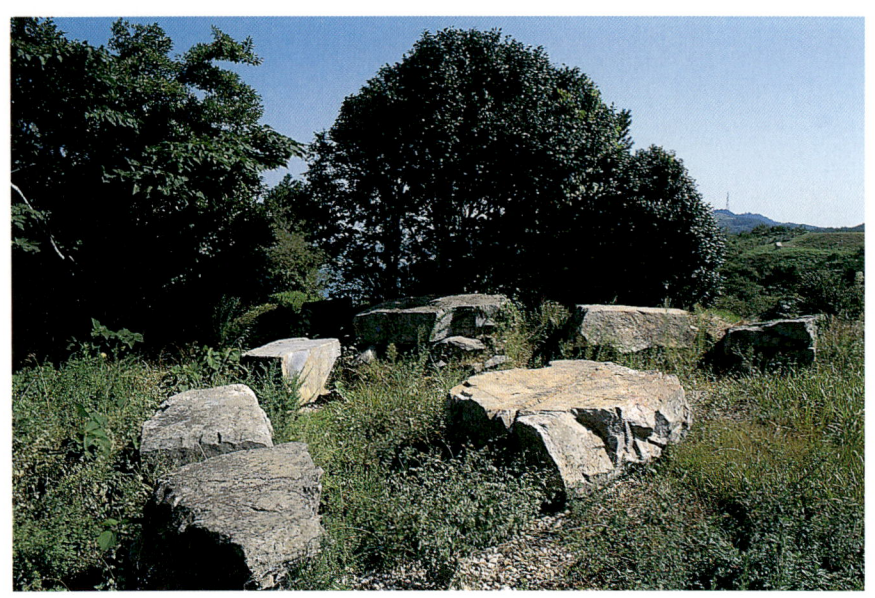

지석묘군 선사시대 것으로 추정되는 흑산도의 지석묘는 타원형 남방 형식으로 발굴 당시
빗살무늬토기, 생활용기 등이 출토되었다.

리기 위한 복성재, 면암 최익현(勉菴 崔益鉉) 선생의 문하생들이 세운 면암최선생적로유허비 등이 있다. 우리나라를 순례하다 보면 어디서나 쉽게 만날 수 있는 고찰은 이곳에서는 찾아볼 수 없다.

흑산도에 역사가 있었음을 증명하는 유적이나 유물 가운데 지석묘군과 면암최선생적로유허비 정도만 조사와 검증을 거쳐 정확한 연대와 규모를 알 뿐 나머지는 전설과 추정한 내용으로만 전해지고 있다. 그나마 보존 의식 미비로 관리 상태가 위험 수위에 있다. 홍도에는 아예 유물이나 유적다운 것이 없다. 그저 아름다운 바위와 파도만 있을 뿐이다.

지석묘군

흑산도의 역사를 선사시대 이전으로 소급시킨 지석묘군은 흑산중학교 앞산 언덕에 있다. 지석묘군은 모두 7기인데 선사시대 것으로 학자들은 추정하고 있다. 지석묘는 타원형 남방 형식으로 발굴 당시 빗살무늬토기, 생활용기 등이 출토되었다. 1960년대에 지석묘군이 있는 진리 바닷가에서 돌도끼와 토기 등이 묻혀 있는 조개무지를 발견하였는데 무덤의 주인들이 사용하였던 것으로 여겨진다. 지석묘군은 전라남도에서 지정한 문화재자료 194호이다.

반월성

반월성은 그 모양이 반달처럼 생겼다 하여 붙여진 이름이다. 반월성은 흑산도에서 가장 쉽게 바라볼 수 있고 자주 바라보게 되는 유적이다. 여객선이나 어선을 타고 흑산도로 들어가면 사람들이 배 밀니에 시달리다 예리 항구 근처에서 부시시 고개를 들면 보이는 것이 반월성이다. 그래서 반월성은 흑산도의 한 상징이라고 할 수 있다.

반월성은 흑산도 제1항구인 진리항 옆 상라산에 있는데 길이는 대략 2,300미터 정도이고 높이는 0.5미터에서 2미터 정도이다. 성을 쌓는 데

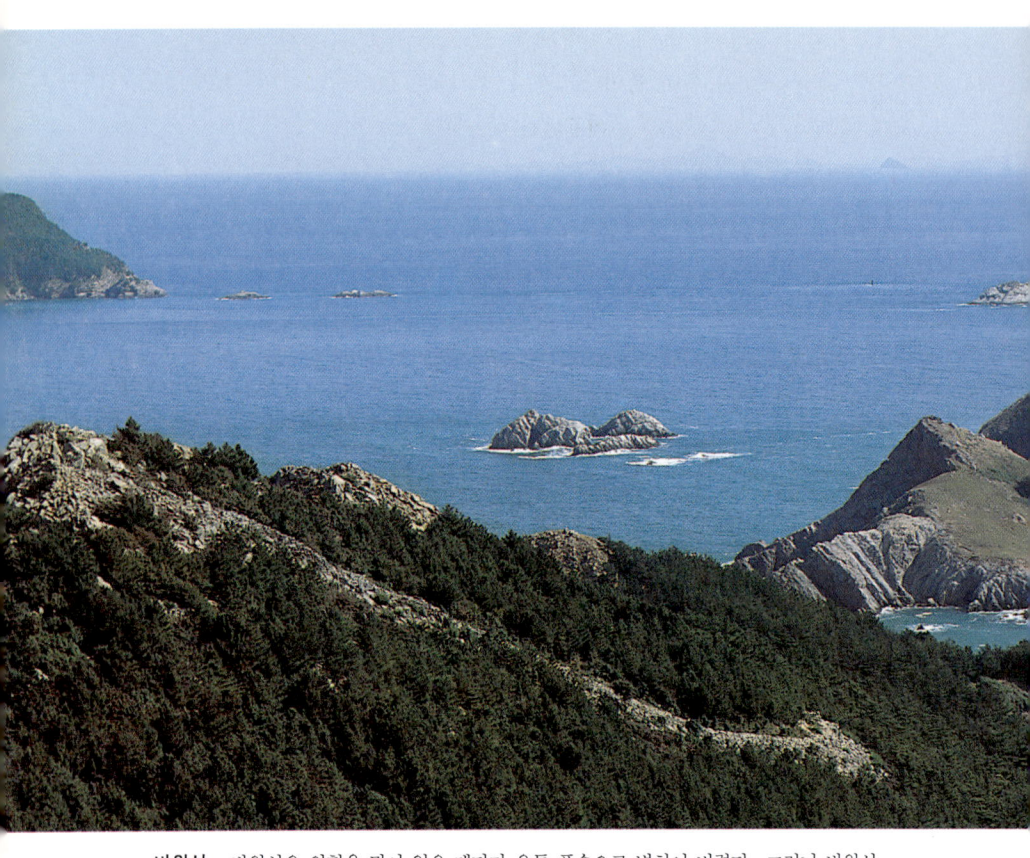

반월성 반월성은 원형을 많이 잃은 데다가 온통 풀숲으로 변하여 버렸다. 그러나 반월성에서 바라보는 바다와 예리 항구의 아름다움은 오래도록 못 잊을 정취를 안겨 준다.

사용된 돌은 흑산도에서 흔히 볼 수 있는 자연석이며 특별한 공법은 동원되지 않았다. 그저 집의 담을 쌓듯 그렇게 돌을 척척 쌓아 놓았다.

이 성이 언제 축성되었는지 정확한 연대를 밝혀 줄 자료는 아직 발견되지 않았다. 신라 말에서 고려 초기일 거라고 막연하게 추정할 뿐이다. 어떤 목적으로 축성하였는지도 밝혀지지 않고 있다. 신라시대 때 장보고가 왜구를 방어하기 위하여 쌓은 것이라는 설이 전해질 뿐이다.

· 반월성을 찾아가려면 큰 공을 들여야 한다. 반월성 바로 밑으로 일주도로가 뚫려 근처까지는 쉽게 갈 수 있다. 그러나 반월성 아래에 서면 아득해진다. 도대체 어느 쪽으로 올라가야 하는지 막막해지는 것이다. 지난날 나무꾼들이 다녔음직한 길을 찾기도 쉬운 일이 아니다. 설령 그 길을 찾아 올라갔다 하더라도 황당해진다.

산성은 원형을 많이 잃은 데다가 온통 풀숲으로 변하여 있다. 또한 처음 방문한 이가 산성을 이해할 수 있는 그 무엇도 그곳에는 없다. 그러나 반월성에서 바라보는 바다와 예리 항구의 아름다움은 오래도록 못 잊을 정취를 안겨 준다. 이것 하나만으로도 반월성에 올라가 봄 직하다. 그리고 이 성을 쌓았을 사람들의 고난을 생각해 봄직하다.

반월성에는 축성과 관련된 재미있는 전설이 남아 있다. 여러 명의 왜구와 조선 검객이 반월성 쌓기 시합을 하였다. 왜구들은 돌을 날라 오고 검객은 그 돌로 성을 쌓는 내기였다. 내기 규칙은 간단하였다. 왜구들이 날라 온 돌이 남으면 그들이 승리하는 것이고 왜구들이 미처 돌을 대지 못하면 조선 검객이 승리하는 것이다.

목숨을 건 성 쌓기 내기는 조선 검객의 승리로 끝났다. 조선 검객은 시합 결과에 따라 왜구들의 목을 잘랐고 그때 흘린 피는 성 아래 바위를 흠뻑 적셨다. 반월성 아래에 있는 바위가 유난히 붉은 이유는 ·그때 흘린 피 때문이라고 한다. 그래서 흑산도 사람들은 그 바위를 피바위라고도 부른다.

성의 축성 목적이 왜적의 침입을 경계하기 위함이라고 추정되고, 왜구를 징계하는 전설이 전하고, 이를 흑산도 사람들이 믿는 것은 이 섬역시 지난 시절 왜구에 시달렸음을 증명한다. 왜구의 노략질은 우리나라 서해안 섬들이 대부분 겪은 고난이었다. 왜구의 노략질이 심하여 고려시대 때는 모든 주민이 육지로 이주하기도 하였다는 기록이 전하는데 이 또한 산성의 축성 목적을 짐작케 한다.

삼층석탑과 석등

반월성 동남 쪽 기슭에는 흑산도에서 유일한 불교 유적인 삼층석탑

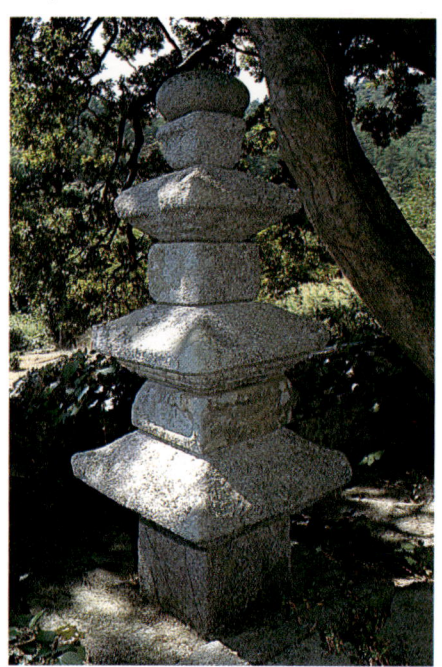

과 석등이 있다. 석탑과 석등 주변에는 실낱 같은 물이 흐르는 계곡이 있고 주변은 온통 밭이다. 석탑과 석등은 초등학생 키만한데 2미터 정도의 간격을 두고 배치되어 있다. 그 옆에는 치성 드릴 때 제물을 놓았던 석물이 있다. 전체적인 규모는 협소한 편이다.

석탑과 석등의 보존 상태는 답사객들을 실망시킨다. 석탑은 10도 정도 기울어져 있는데다가 심하게 흔들리고 있다. 석등 역시 이끼가 끼고 약간 흔들리기까지 한다. 설상가상으로 진입로도 엉망이다. 풀숲을 헤치며 작은 내를 건너

읍동리 삼층석탑 이승에서의 고달픈 생을 달래고자 하는 섬사람들의 작은 정성이 모아지는 곳이다.

어림짐작으로 찾아 들어가야 겨우 석탑과 석등을 만날 수 있다.

삼층석탑과 석등은 일주도로에서 불과 50여 미터 떨어진 거리에 있다. 이처럼 교통편이 용이하여 관광지로 개발할 가치가 많은데도 형편없이 방치되어 있어 안타까움을 더한다.

한여름 수목이 우거지면 일주도로에서는 석탑과 석등이 거의 보이지 않는다. 그나마 낙엽 지는 가을철에는 빤히 바라다보이는데도 가는 길을 쉽게 찾을 수 없다. 나그네들을 위한 배려라고는 길가에 덩그러니 놓여 있는 간단한 안내 표시판뿐이다.

안내문에 의하면 석탑과 석등은 고려 말엽에 세워졌다고 하며, 그 부근은 폐사지로 추정하고 있다. 고려 말엽이라는 추정은 탑신의 형태 등으로 미루어 짐작하는 것이고 석탑과 석등이 있으므로 절터라고 믿는 것이다. 그러나 유감스럽게도 이런 추정의 근거가 될 만한 사료는 전혀 남아 있지 않다.

탑 밑에서는 가로 15센티미터, 세로 30센티미터의 기와가 발견되었는데 중원갑진(中元甲辰)이란 글씨가 새겨져 있으나 탑과 관련된 자료를 제공하여 주지는 못하였다. 삼층석탑은 지리산 실상사 백장암 삼층석탑과 모양이 흡사한데, 전라남도는 1994년에 삼층석탑을 문화재자료 193호로 지정하였다.

삼층석탑 서북쪽 바로 옆에는 수령이 수백 년이 넘은 팽나무가 있다. 이 팽나무는 자라면서 석탑을 크게 훼손시켰다. 삼층석탑과 석등을 가림은 물론 뿌리가 굵어지면서 석탑을 기울게 한 것이다. 팽나무뿐만 아니라 인간도 훼손에 일조를 하였다. 나름대로 보존하려는 의도였겠지만 바닥을 온통 시멘트로 바르고 주변에 돌담을 쌓아 석탑과 석등 주변은 원형을 거의 잃었다. 흑산도 유일의 불교 문화 흔적은 이래저래 훼손되어 버리고 만 것이다.

그러나 이 석탑과 석등은 흑산도 사람들의 심성을 재는 단서를 제공

한다. 가난하기에 불사를 크게 일으키지 못하는 섬사람들은 석탑과 석등에 작은 정성을 모아, 이상향을 꿈꾸며 이승에서의 고달픈 생을 달래고자 하였다. 그래서 흑산도 사람들은 이 석탑과 석등을 끔찍이도 사랑하였다. 석탑은 신앙의 대상물이 되어 숫탑, 암탑, 탑영감, 안탑님 등으로 불리며 숭배받았다.

지금도 객지에 나가 있는 자식들이나 배를 타고 나간 남편의 안녕을 기원하는 섬 아낙들의 정성이 모아지고 있다. 삼층석탑과 석등 주변에는 기원할 때 불을 밝혔던 타다 만 초들이 군데군데 남아 있다.

봉화대

일주도로 변에 서 있는 흑산도 아가씨 노래비에 서서 보면 반월성 옆에 있는 봉화대가 보인다. 이 봉화대 역시 언제 만들어졌는지 정확한 기록은 남아 있지 않다. 흑산도 사람들은 오래 전부터 있었다고만 기억하고 있다.

이 봉화대의 기원을 학자들은 『고려도경(高麗圖經)』에서 찾는다. 고려시대 때 중국 사신들은 배를 타고 황해를 건너왔다. 중국 사신이 처음으로 사람이 사는 고려 땅을 지나는 곳은 흑산도였다. 소흑산도라고 부르는 가거도를 거쳐 흑산도로 왔다고도 하지만 그 당시에 가거도에 사람이 거주하고 있었는지는 알 길이 없고 봉화터도 없다. 그래서 흑산도는 중국 사신이 만나는 첫 고려 영지일 것으로 추측된다. 흑산도에서는 중국 사신이 오면 불을 밝혀 알렸고 봉화는 이웃 섬으로 연결되어 육지를 타고 개경으로 갔을 것이다. 흑산도는 바로 그 봉화의 시작이었다고 『고려도경』은 전하고 있다.

시대가 흘러 통신 방법이 발달되고 중국 사신의 입국로가 바뀌면서 흑산도 봉화는 그 기능을 다하고 쇠퇴하여 갔다. 지금은 허물어진 봉화대와 터만 쓸쓸하게 남아 있다. 진리항에서 만난 한 늙은 어부는 봉화

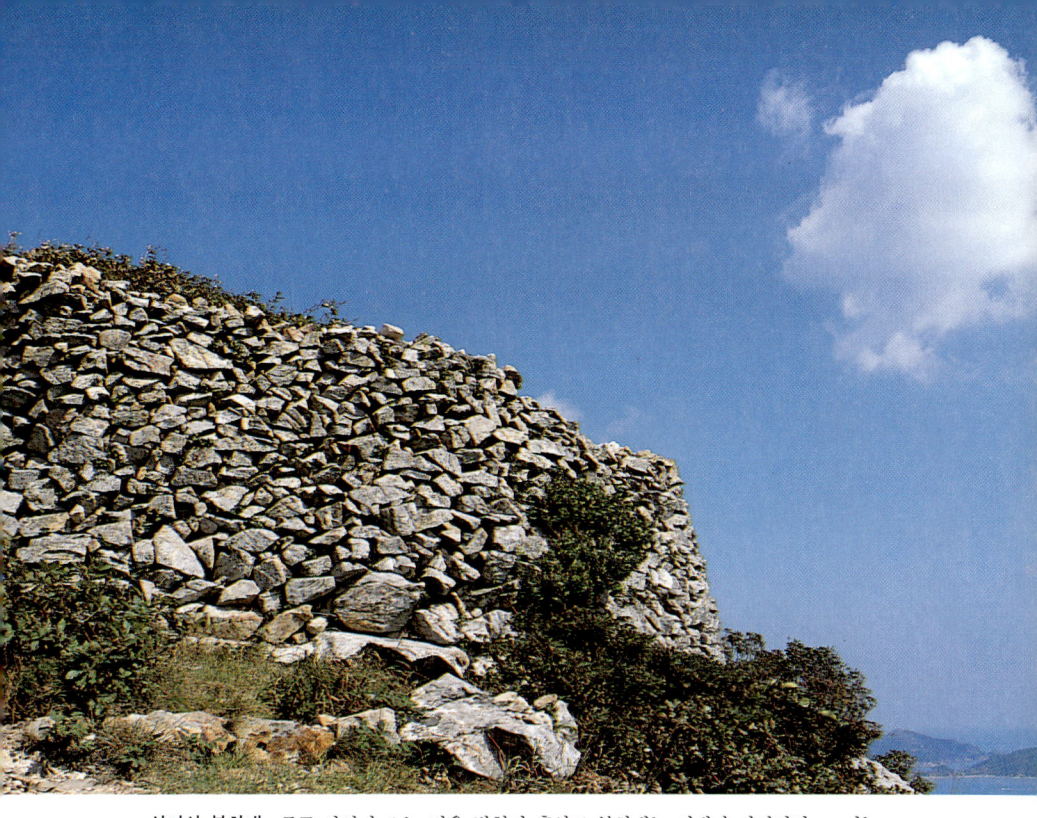

상라산 봉화대 중국 사신이 오는 길을 밝혔던 흑산도 봉화대는 시대가 바뀌면서 그 기능을 다하고 쇠퇴하여 이제는 허물어진 봉화대와 터만 남아 있다.

대를 등대 대용으로 이용하였다고도 증언하고 있다. 등대가 없던 시절 갑자기 바다의 날씨가 나빠지면 이곳에 불을 밝혀 길을 잡아 주었다는 것이다. 봉화대는 지난 시절 흑산도의 등대 역할을 하였는지도 모를 일이다.

복성재

흑산도는 오지 중에서도 오지이다. 그 옛날에는 목포에서 배를 타면 보름씩 걸려 도착하였다는 섬이다. 그래서 유배 문화가 남아 있다. 유배형은 조선시대 형벌 가운데 하나로 유배지는 서울에서 멀고 교통이

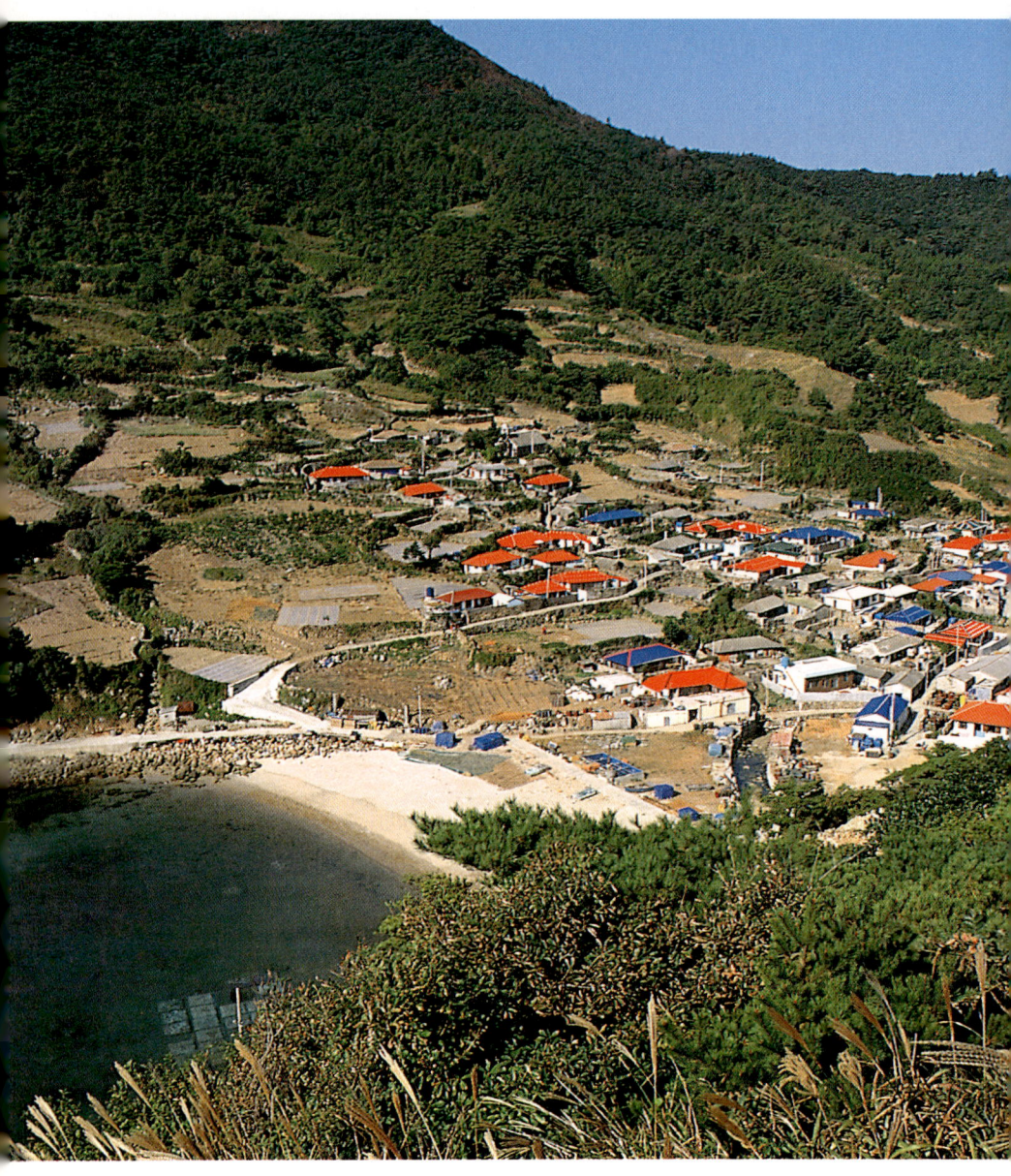

64 홍도와 흑산도

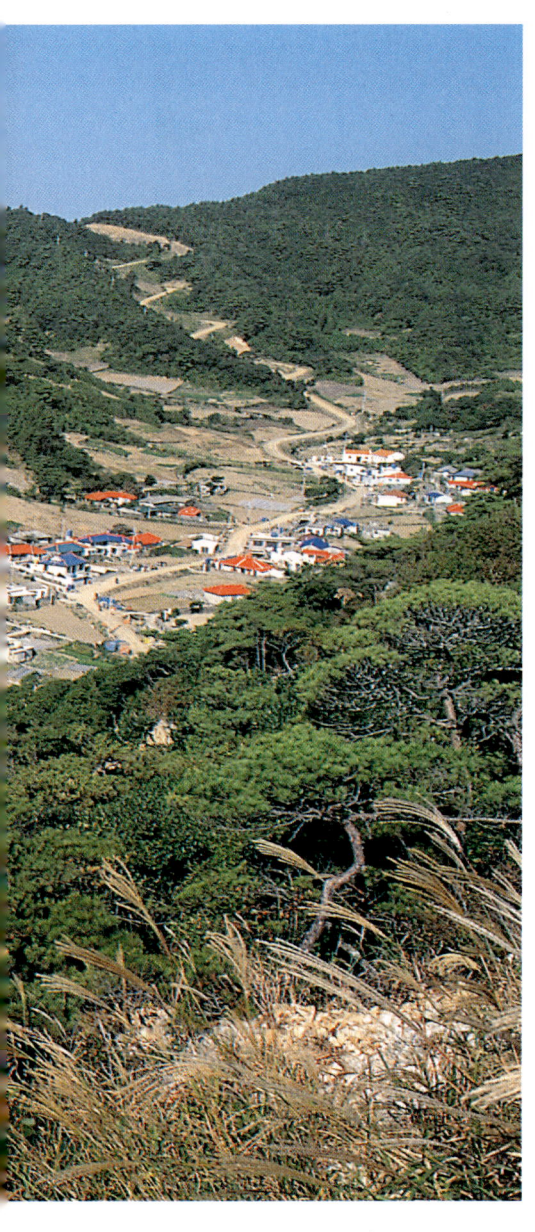

복성재가 자리잡고 있는 사리 『자산어보』를 남긴 손암은 흑산도에서 15년의 유배 생활을 하였다. 손암이 집을 짓고 살았던 곳으로 추정되는 자리에는 현재 복성재가 복원되어 있다.

불편한 지방이 각광을 받았다. 단종애사를 남긴 영월 같은 산골 오지나 제주도 같은 섬이 대표적인 곳이다. 흑산도에도 수많은 선비와 죄인이 유배를 왔다. 그 가운데 대표적인 인물로는 손암 정약전과 면암 최익현을 꼽을 수 있다.

손암 정약전은 1801년(순조 1년)에 일어난 신유사화 때 화를 입어 흑산도로 유배되었다. 유배 생활은 15년. 인생의 황금기를 흑산도에 묻은 것이다.

손암은 『목민심서(牧民心書)』로 유명한 조선 후기의 대학자 다산 정약용(茶山 丁若鏞)의 친형이다. 그는 경기도 광수의 마현에서 출생하여 학문으로 일가를 이루었으나 출세보다는 천주교에 심취하였다. 남인 계통의 학자라는 점이 손암의 일생을 굴곡지게 한 이유이기도 하다.

벼슬보다는 천주교 전도가 백성을 이롭게 한다는 믿음으로 활발한 포교 활동을 하던 손암은 순조 즉위와 더불어 시작된 천주교 탄압을 한 몸으로 받는다. 손암은 정치적인 냄새가 진한 천주교 탄압으로 모진 고초를 받고 흑산도로 유배되어 정치적으로나 사회적으로 완전히 고립되어 버린다.

손암의 흑산도 유배 생활은 절망과 회한으로 얼룩지지만은 않았다. 한치의 앞날을 내다보기 힘든 위험에 처하여 있었지만 서당을 열어 학동을 가르치고 스스로 인생을 깨우쳐 갔다. 그리고 섬사람들에게 유익한 일이 무엇인가를 생각한 끝에 바다에 눈을 돌렸다. 손암은 15년 간 귀양살이를 하면서 서남단 근해에서 서식하는 물고기와 해산물들을 체계적으로 정리하기 시작하였다. 꼼꼼한 관찰력과 해박한 지식이 필요한 작업이었다.

손암은 이 작업을 평생의 일로 여겼다. 틈만 나면 바다를 관찰하고 어부들과 만나 이야기를 나누었다. 그 결과 155여 종의 수산물을 채집하여 명칭은 물론 특성, 형태, 성어기, 분포 상황 등을 자세히 기록한 『자산어보(玆山魚譜)』를 남겼다. 『자산어보』는 한국 어족 연구의 귀중한 자료가 됨은 물론 당시로서는 보기 드문 자연 과학 서적이다.

손암이 귀양살이할 때 머물렀던 흔적이나 유적은 남아 있지 않으며 정확하게 알려지지도 않고 있다. 귀양살이 터로 추측되는 자리만 구전될 뿐이다. 흑산도는 예산을 들여 손암이 집을 짓고 살았던 곳으로 추정되는 자리에 복성재를 복원하여 기리고 있다.

면암최선생적로유허비

면암최선생적로유허비는 흑산도 천촌리 입구에 있다. 1924년에 면암의 문하생들이 지장암 아래에 이 비를 세웠다. 지장암은 산에 붙은 자연석인데 면암 선생의 친필이 남아 있어 유명한 곳이다. 이 비 앞에는 비교적 큰 내가 흐르고 수령이 제법되는 동백나무가 여러 그루 서 있다. 그리고 옆에는 얼마 전 흑산도 자체 예산으로 만든 쉼터가 있다. 이 쉼터는 도회지의 공원에서 흔히 보는 정자 모양을 하고 있다.

면암이 흑산도에 위리안치된 것은 1876년(고종 13년)의 일이다. 이 해에 조선과 일제와의 통상이 본격적으로 논의되었다. 이를 매국이라고 간파한 면암은 도끼를 둘러메고 광

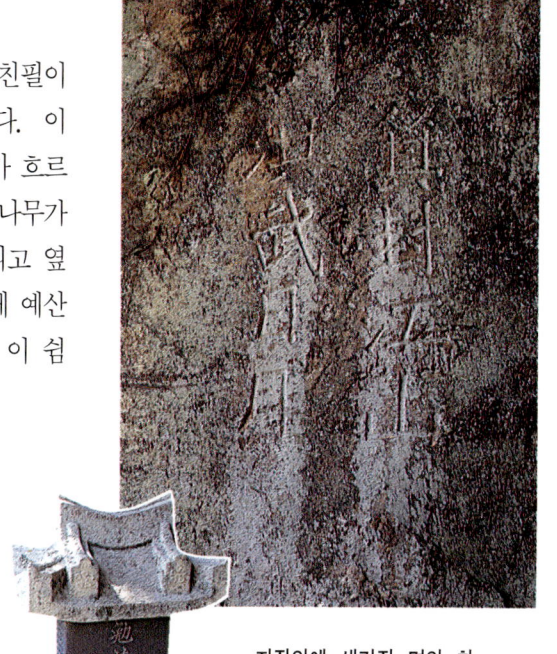

지장암에 새겨진 면암 최익현의 글씨와 면암선생적로유허비 지장암은 산에 붙은 자연석으로 면암 선생의 친필이 남아 있어 유명한 곳이다. 면암의 문하생들은 지장암 앞에 그를 기리는 비를 세웠다.

화문에 나가 왜적을 멀리하지 않으려면 차라리 자신의 목을 베라며 조약 체결의 불가를 역설하였다. 그 유명한 '오불가척화의소(五不可斥和議疏)'이다. 이로 인하여 면암은 유배길에 오르게 된다.

면암은 흑산도에서 3년 여의 귀양살이를 하였는데 그 동안 서당을 열어 후학을 가르치며 나라를 걱정하였다. 손바닥바위라고도 불리는

지장암에 새겨진 '箕封江山 洪武日月'은 이 무렵 면암이 손수 쓴 것이라고 한다.

조선 말기를 대표하는 학자이며 의병장이었던 면암은 1833년(순조 33년)에 경기도 포천에서 태어났다. 면암은 당시 거유(巨儒)였던 이항로(李恒老) 선생 문하생으로 성균관 등지에서 수학하였으며 1855년 과거에 급제하여 벼슬길에 나서게 된다.

벼슬길에 나선 면암은 당시 실세인 홍선대원군의 서원 철폐령에 반대하는 상소를 올리는 등 그와 정면으로 맞서 정치적인 위기를 겪는다. 그리고 홍선대원군의 수렴청정 시대를 마감하는 데 결정적인 역할을 하기도 한다. 이 과정에서 면암은 제주도로 유배되기도 하였다.

흑산도에서의 유배 생활을 끝낸 면암은 모든 관직을 사양하고 향리에 내려가 후진 교육에 전념하다 을사조약이 체결되자 항일 운동을 전개한다. 선비가 의연히 떨치고 일어나 칼을 들었으나 국운은 이미 기울고 있었다. 면암은 항일운동에 실패하고 일제에 의해 일본령인 대마도 옥에 갇힌다. 이때 면암은 망국의 신민이 적의 양식을 먹을 수 없다 하여 단식을 감행, 굶어 순절한다. 대쪽 같은 일생을 왜국 땅에서 마감한 것이다.

국내로 송환된 면암의 시신이 향리로 이송되는 길목에서 백성들은 엎드려 피끓는 통곡을 하였다. 그 통곡은 의인의 죽음을 슬퍼하는 눈물인 동시에 망국의 한을 토로하는 애끓음이었다.

면암의 흑산도 유배와 관련하여 전하는 유적은 지장암과 면암최선생적로유허비뿐이다. 진리에 큰 서당을 열어 후학을 가르쳤다고 하나 터는 찾을 길이 없고 천촌리에 세웠다는 서당 자리에는 지금 교회가 들어서 있다. 이 서당의 이름은 일심당(一心堂)이었다. 그가 살던 자리도 지금은 추측으로만 나돈다.

희귀 동식물

홍도와 흑산도는 뛰어난 풍광뿐만 아니라 그곳에 살고 있는 희귀 동식물로도 유명하다. 흑산도에는 희귀목인 초령목(招靈木)과 후박나무 자생지가 있으며 흑산도 부근에는 흑비둘기 100여 마리가 집단으로 서식하고 있다. 국내에서 유일한 초령목은 학술적 가치가 인정되어 천연기념물 제369호로 보호받고 있으며 천연보호구역으로 지정된 홍도에는 그 유명한 풍란이 자생하고 있다.

홍도천연보호구역

홍도는 1965년 4월, 천연기념물 제170호로 지정되어 국가적인 차원에서 보호받고 있다. 국내 천연보호구역 가운데 면적으로는 최소이다. 1981년에는 흑산도 등과 함께 다도해해상국립공원으로 지정되었다.

홍도가 천연보호구역으로 지정된 것은 지질 구조, 육상과 해양 동식물 등에서 우리나라 서남단 섬을 대표하고 있기 때문이다. 홍도는 서해 한가운데 떠 있는 자연 박물관이라 하여도 과언이 아닐 정도로 아름다운 해안 절벽 못지 않게 다양하고 특이한 생태계를 간직하고 있다.

홍도는 개미 형상(또는 누에 형상)을 하고 있는데 허리에 해당하는 대목밭은 너비가 불과 250미터 남짓하다. 최고봉인 깃대봉을 중심으로 하여 1구와 2구로 나누어지는데 깃대봉의 높이는 368.7미터이다.

이렇듯 작고 아담한 홍도는 주로 사암과 규암으로 이루어져 있으며 색상은 홍갈색이 주조를 이룬다. 사암과 규암은 층리와 절리가 잘 발달되는 특성이 있는데 이것이 홍도의 독특한 해벽미를 이루는 근원이 되고 있다. 흑갈색과 흑색을 띠는 홍도의 토양은 바위가 풍화되어 쌓인 것으로 기름지지 못하여 농사에 적합하지 않다.

홍도에는 상록 활엽수림, 낙엽 활엽수림 그리고 초지 식물 등 110과

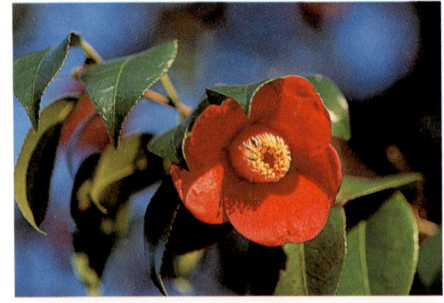
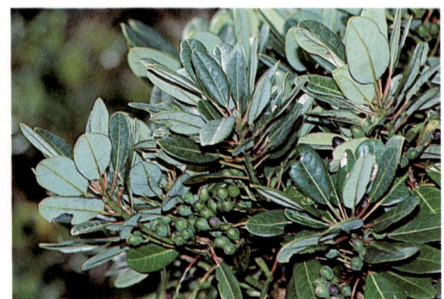

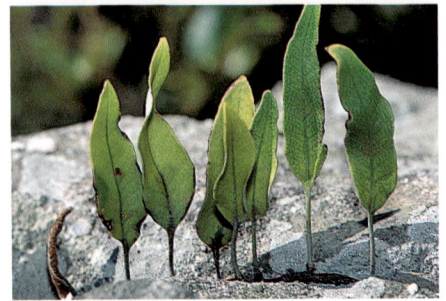
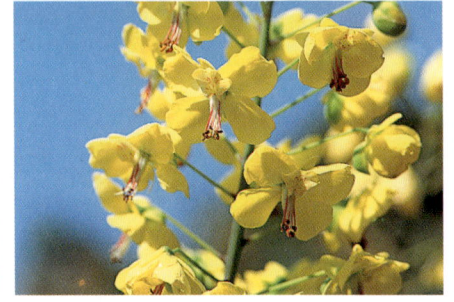

동백나무 이른봄 붉게 피는 꽃이 인상적이
다. 동백 기름은 과거 여인들의 머리 단장이
나 등잔을 밝히는 데 애용되었다. (위)

좀굴거리나무 초록색 잎이 남국적인 향취
를 불러일으킨다. 새잎이 나야 지난해의 잎
이 떨어진다고 하는데 잎은 약용한다. (위)

일엽초 깊은 산중의 큰 나무 위나 바위 등
에 기생하는 고사리과의 양치식물로 다시마
일엽초라 부르기도 한다. (아래)

실거리나무 덩굴져 뻗어 자라며 줄기에는
가시가 있다. 초여름에 노란 꽃이 피며 가
을에 긴 타원형의 꼬투리가 생긴다. (아래)

336속 545종이 서식하고 있다. 상록 활엽수인 잣밤나무, 후박나무, 동
백나무 등과 낙엽 활엽수인 소사나무, 졸참나무, 예덕나무 등은 군락을
이루며 자생하고 있다. 초지 식물인 이대, 억새, 쑥, 왕시풀 등도 군락
을 이루며 모여 살고 있다. 무엽란, 나도풍란 등의 난과 식물은 홍도의
한 상징이기도 하다.

　당산림으로 주민들의 보호를 받고 있는 숲에는 원시림에 가까운 자

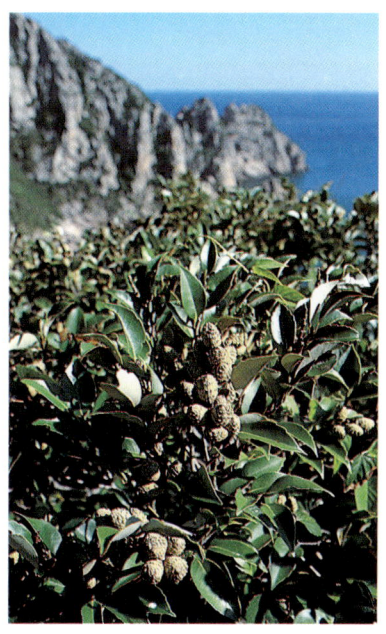

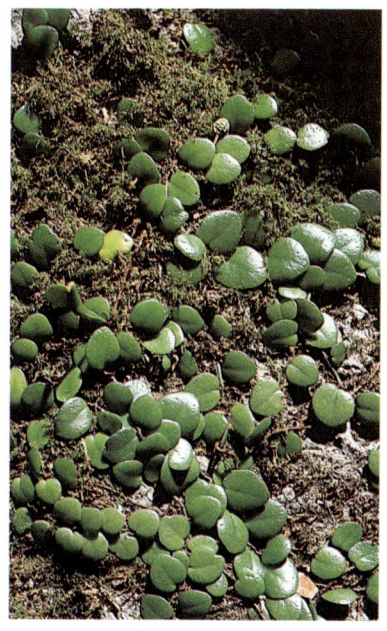

구실잣밤나무 홍도와 흑산도 부근에서만 볼 수 있으며 열매는 밤맛이 난다.

콩짜개넝쿨 산지의 나무줄기나 바위에 붙어 자라며 원형의 잎이 성기게 난다.

연 환경이 보존되어 있다. 홍도 1구와 2구에 있는 당산림에는 구실잣밤나무와 동백나무가 많이 자라고 있는데 둘레가 1미터가 넘는 거목도 있어 관심을 모으고 있다.

계곡이 없어 초본 식물의 수와 양이 적은 것도 특징 중의 하나인데 만주 여순과 대련 지방에서 자생하는 홍도까치수염과 북방계 식물인 갯보리가 자라고 있어 학계의 주목을 받고 있다. 홍도까치수염은 우리나라에서 홍도에만 자라고 있는 희귀 식물이다.

홍도에는 복족류 4종, 다족류 2종, 곤충류 165종, 파충류 4종, 조류 54종, 포유류 1종의 육상 동물이 살고 있는 것으로 조사 결과 밝혀졌

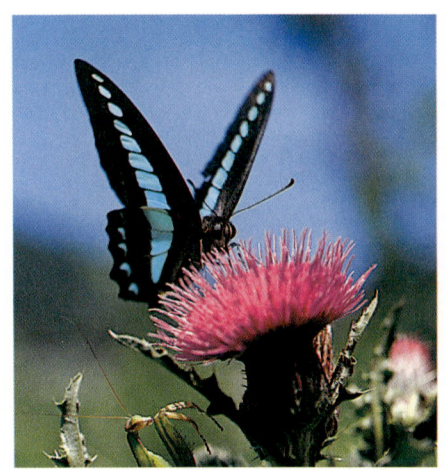

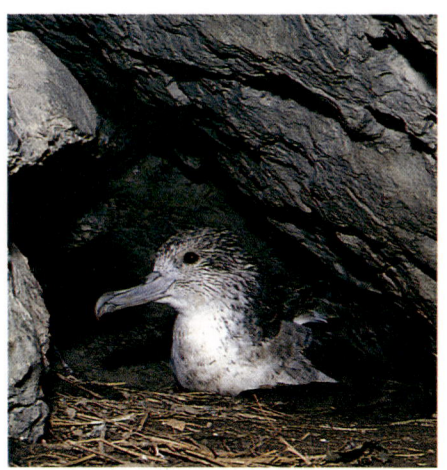

청띠제비나비 날개에 청색 띠를 가지고 있
는데 이 띠는 청색에서 황백색에 이르기까
지 무늬의 변이가 심하다.

슴새 여름 철새인 슴새는 남해안의 외딴
섬이나 울릉도의 댓섬 등 무인도에서 살며
하루 종일 바다에 나가 생활한다.

다. 이들 동물들은 남방계가 많은 것이 특징이다. 조류는 대부분 텃새
거나 남방계이고 북방계 종류는 11종 정도 된다. 홍도는 또한 철새류가
이동하는 중간 기착지 역할을 하기도 한다.

나비류는 청띠제비나비, 제비나비, 큰멋쟁이, 홍점알락나비, 배추흰
나비 등이 주로 살고 있다. 이 밖에 아시아 아열대 지방에 분포되어 있
는 남색남방공작나비가 살고 있는데 이 나비는 우리나라에서 찾아보기
힘든 희귀종이다.

그리고 홍도에는 무척추동물 117종과 어류 233종이 살고 있는 것으
로 보고되고 있다. 썰물로 바다 위에 드러난 바위에는 흑따개비, 거북
손 등이 붙어 자라고 있으며 바다에 잠긴 부분에는 보라화산해면, 주홍
화산해면, 분홍말미잘 등이 밀림처럼 우거져 자라고 있다. 또한 전복,
꽈리조개, 소라, 해삼 등도 살고 있다. 수심이 20 내지 30여 미터 되는

곳에는 호두조개, 접시조개 등이 살고 있어 홍도 어류를 풍요롭게 하고 있다.

천연보호구역으로 지정되면서 홍도의 동식물들이 귀한 대접을 받게 된 것과는 대조적으로 홍도 주민들의 불편은 이만저만이 아니다. 돌 하나, 풀 한 포기도 마음대로 반출할 수 없을 뿐만 아니라 주민들의 주거 환경도 쉽게 고칠 수가 없게 되었다.

홍도 풍란

홍도에 풍란이 언제부터 자생하기 시작하였는지는 모르나 한때는 섬을 덮었다고 한다. 그래서 홍도는 바다 내음 특유의 비릿함이 아닌 난 향기로 그득하였다고 한다. 홍도 풍난은 다년생 관상 식물로 깊은 바위 틈이나 고목 등걸에 여러 개의 뿌리가 얽혀 붙어 자란다. 식물은 땅에 뿌리를 박고 산다는 고정관념을 깨뜨린 풍란은 그래서 더욱 고고하다.

풍란의 잎은 녹색의 긴 타원형으로 좌우 두 줄로 밀생한다. 이 잎은 중간 부분을 위아래로 가르는 한 줄기 선으로 깊게 골이 패어 있고 끝은 날카롭거나 통통하다. 풍란의 밑줄기 부분은 잎에 비하여 가늘며 꽃대는 옆으로 삐

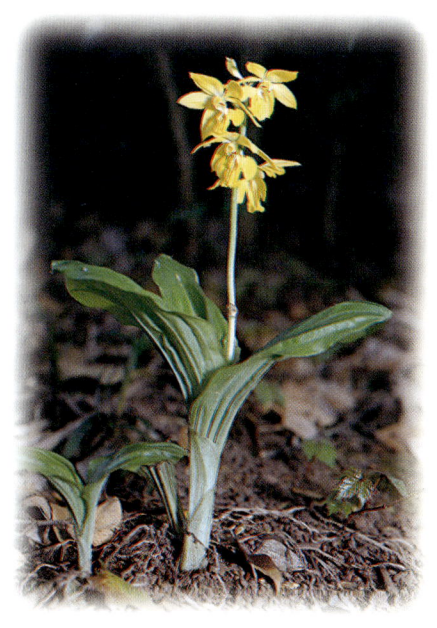

금새우난초 남부 지방의 낙엽수림 밑에서 자라며 새우난초와 형태가 비슷하고 황색의 꽃이 피는 데서 이름이 붙여졌다. 노랑새우난초라고 부르기도 한다.

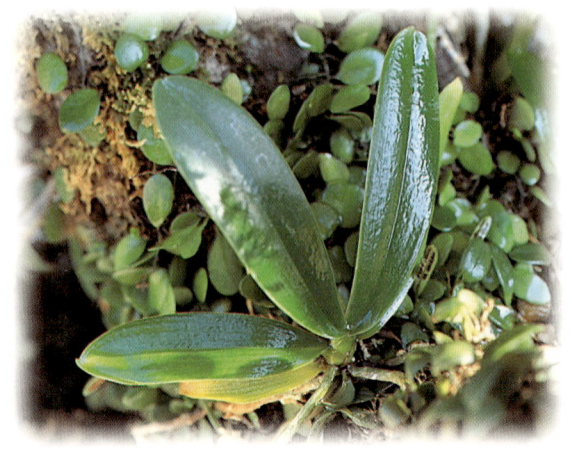

나도풍란 상록수림과 침엽수림의 나무나 바위에 붙어 자라며 풍란에 비하여 잎이 크다.

져 나와 30 내지 70센티미터 정도 자라 7월에 꽃을 피운다. 꽃은 순백색이며 한 꽃대에 보통 3개에서 5개 정도가 달린다. 그리고 꽃의 향기는 멀리까지 풍긴다.

홍도 풍란과 관련하여 이런 비극이 전한다. 한 일본 사람이 고기를 잡다 풍랑을 만나 좌초되어 홍도에 오게 되었다. 그는 구조되길 기다리다 홍도를 덮고 있는 난 향기에 놀라고 지천에 널려 있는 풍란에 또 놀란다. 그는 일본으로 돌아갈 때 눈에 보이는 풍란은 모두 거두어 갔다. 난을 즐기는 일본인들은 그 뒤 몇 차례 홍도에 와 풍난을 따다 팔았고 거부가 되었다. 홍도난은 점차 멸종되어 갔다.

홍도 풍란이 알려지면서 마구잡이로 채취하여 가는 일부 몰지각한 관광객들에 의해 풍란은 멸종 위기에 이르렀다. 요즘에는 홍도에서 야생 풍란을 보기가 쉽지 않다. 그래서 홍도는 난 전시실을 만들어 풍란을 보호하고 있다.

초령목

진리 처녀당 앞에는 국내 유일의 희귀목인 초령목이 자생하고 있다. 이 초령목은 높이 20여 미터, 줄기 둘레 3미터가 넘는 거목이다. 1992

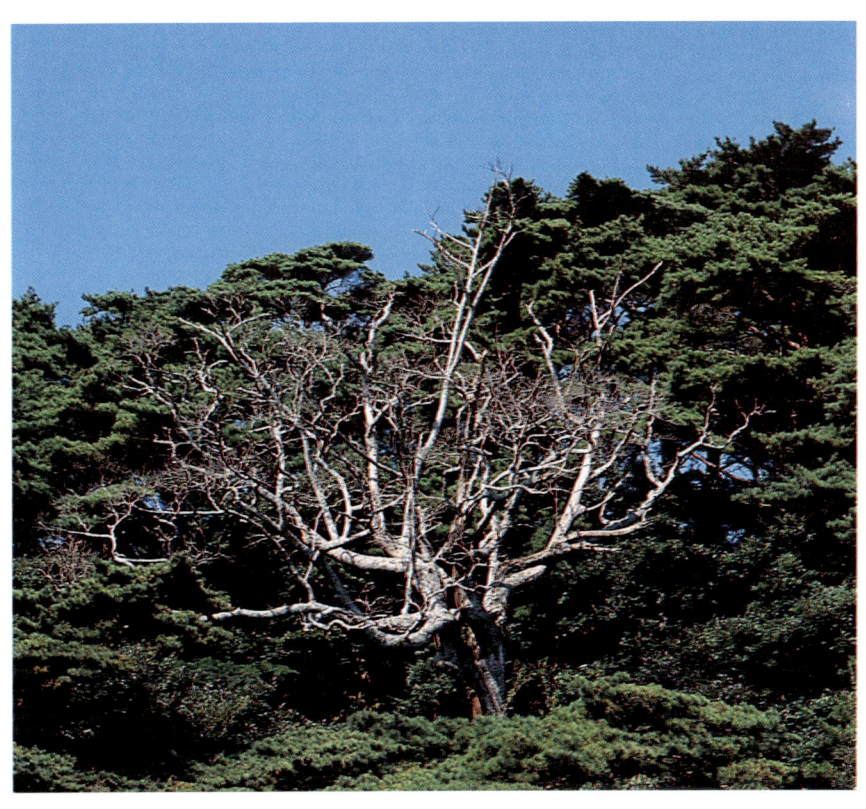

초령목 흑산도 주민들은 초령목의 가지가 신을 부른다고 믿어 매우 소중하게 여겼으나 몇 년 전 고사목이 되고 말았다.

년에 천연기념물 제369호로 지정되었다. 목련과 상록 교목인 초령목은 일본이 원산지로 주로 아시아 열대 지방에서 자생하는 식물이다. 그런 식물이 어떤 연유로 흑산도에 자생하며 노거수(老巨樹)가 되었는지 신비에 싸여 있다.

주민들은 이 초령목을 끔찍이도 사랑하며 영험시한다. 처녀당에서 제를 지낼 때는 초령목 가지를 꺾어 와 혼을 불렀다. 초령목 가지를 보고 신의 혼령이 온다고 주민들은 철석같이 믿었던 것이다.

초령목은 주민들의 경외와 사랑 속에서 수백 년을 살았다. 그러던 초령목이 몇 년 전부터 푸르름을 잃기 시작하더니 이제는 고사목이 되었다. 일부 흑산도 사람들은 초령목의 죽음을 신의 노여움으로 해석하여 두려워하기도 하였다. 고사목이 된 초령목 옆에는 새끼 초령목 30여 그루가 자라고 있으나 노거수가 될지는 의문이다.

후박나무

후박나무는 흑산도의 곤촌리 등 곳곳에 무리지어 성장하고 있어 장관을 이룬다. 난대성 녹나무과의 상록 교목으로 높이는 20여 미터, 지름이 1미터에 달하는 거목이다. 나무색은 회황색이며 잎은 동백잎과 비슷하다.

후박나무는 늦봄에 하얀 색과 빨간 색의 꽃을 피우는데 꽃이 지면 바로 열매를 맺는다. 후박나무 껍질과 잎을 적당히 섞어 분말을 내 물에 축이면 점성이 강해지는 특성이 있어 선박 건조시 결합제로 이용하기도 한다. 또한 껍질은 염료로 사용하기도 한다.

후박나무는 속성수인 동시에 키가 크고 우람하여 바닷가에서 방풍림으로도 널리 쓰이며 번식력도 좋다. 베어 낸 자리에서 새순이 나와 자라기도 하고 씨가 떨어져 번식하기도 한다. 섬사람들은 후박나무 껍질을 벗겨 달인 물로 천식과 위장병을 다스렸으며 목재는 선박에 이용하

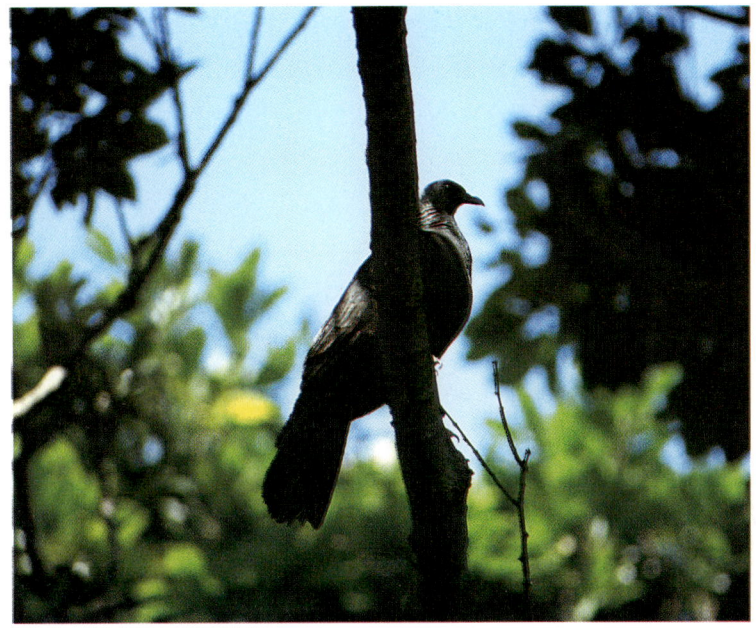

흑비둘기　햇빛을 받으면 품위 있는 흑자색으로 변하는 날개를 가진 흑비둘기를 흑산도 주민들은 길조로 여긴다. 후박나무 숲 주변에서 주로 서식한다.

였다. 또한 껍질은 한약재로 고가에 팔려 주민들의 소득 증대에 기여하고 있다. 후박나무는 흑산면에 속하여 있는 가거도에 특히 많이 자생하고 있다.

흑비둘기

흑비둘기는 비둘기과에 속하는 희귀 조류로 천연기념물 215호로 시정되어 있다. 다 자란 흑비둘기의 몸 길이는 대략 40센티미터 정도이며 날개는 햇빛을 받으면 흑자색을 띤다. 흑비둘기는 수년 동안 번식지에 거처를 정하고 사는 텃새로 5, 6월에 한두 개의 알을 낳는다.

흑비둘기가 우리나라에 살고 있음이 정식으로 학계에 보고된 것은 1938년이다. 울릉도에서 처음으로 발견된 것이다. 그후 전남 완도군 보길도에 서식지가 있음이 발견되었고 흑산도와 가거도 일원에서는 1970년 처음 발견되었다.

그러나 이것은 학계에 최초로 보고되었다는 것일 뿐 흑산도 주민들은 오래 전부터 익히 알고 있었다. 다만 흑비둘기가 희귀 조류인지 모르고 있었을 따름이다. 흑산도와 가거도 주민들에겐 흑비둘기가 갈매기나 참새처럼 쉽게 볼 수 있는 조류일 뿐이다.

흑산도와 가거도 일원에는 100여 마리의 흑비둘기가 살고 있는데 흑산도 사람들은 흑비둘기를 길조로 여기고 있다. 육지 사람들이 아침에 까치를 보면 귀한 손님이 온다는 믿음을 가졌듯 그들도 흑비둘기를 통하여 좋은 일이 있기를 바라고 점을 치기도 하였다. 출어를 나갈 때 흑비둘기를 보면 만선을 이룬다거나 지붕 위로 날아가면 대처에 나간 피붙이의 소식을 듣는다는 식이다. 흑산도 사람들이 길조로 여기는 덕에 흑비둘기는 흑산도에서 아주 평온한 생을 영위하고 있다.

섬생활의 다양한 모습

현재 흑산도와 홍도에는 암자, 교회, 성당 등이 들어서 있다. 4월 초
파일에는 등을 밝히고 일요일이면 예배당 종소리가 들려온다. 주민들
도 상당수가 관세음보살을 외우거나 찬송가를 부르고 있다. 그러나 음
력 정월 초사흘이나 출어를 할 때면 주민들은 동제나 당제를 지낸다.
지난날 동제는 마을 차원에서 이루어지는 큰 제의였다. 세월이 바뀌어
동제가 간소화되거나 아예 자취를 감추고 당집마저 폐허가 되었지만
주민들의 생활 속에는 그 정서가 아직도 남아 흐르고 있다.

동 제

바다 사람들은 해마다 음력 정월이면 동제를 지냈다. 동제는 마을 차
원에서 행하어지는데 풍어, 무사 안녕, 쥐 피해 빙지 등을 비는 신성한
행위였다. 모시는 신도 당할머니, 당산할아버지, 산신, 용왕신, 총각신
등 다양하였다. 동제는 같은 흑산도라도 마을마다 당산과 당집 그리고
절차가 모두 다르다. 그러나 마을 사람들의 마음을 한 곳으로 집결시켜

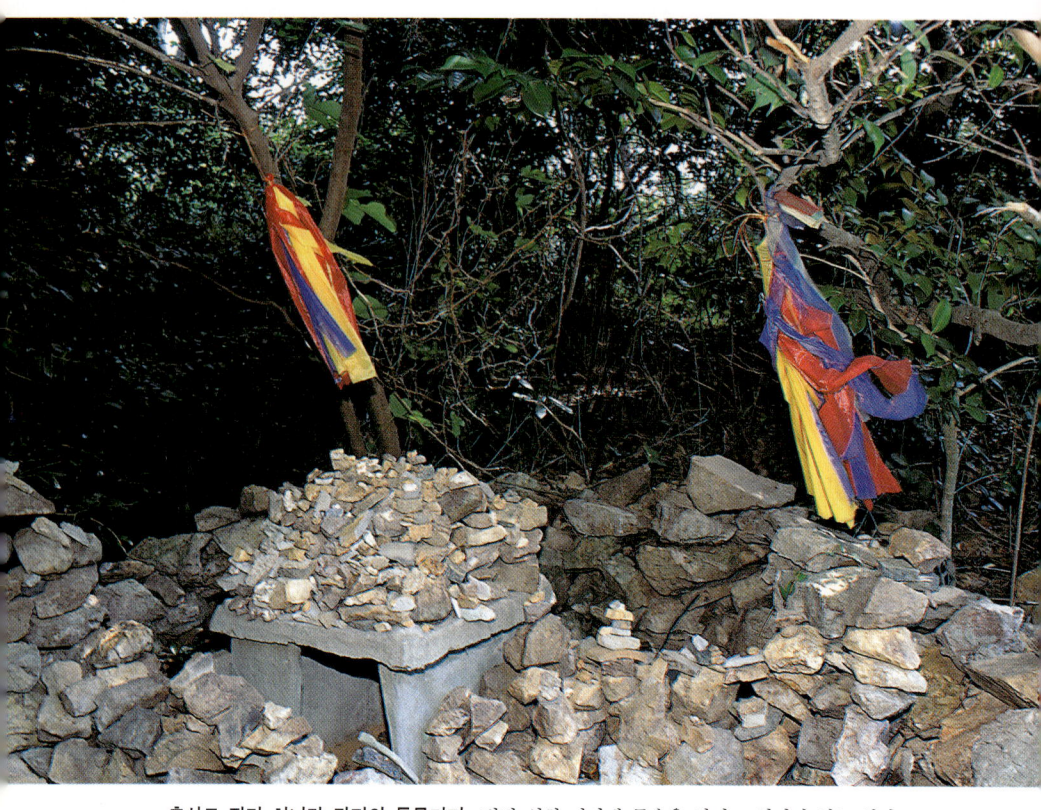

흑산도 진리 처녀당 뒤편의 돌무더기 변덕 심한 바다에 목숨을 맡기고 살아야 하는 섬사
람들이기에 신에게 무사 안녕을 기원하는 마음은 더 간절하였다. 수북이 쌓여 있는 돌 하
나하나에는 섬사람들의 간절한 기원이 담겨 있다.

단결을 꾀하고자 하던 마음은 같았다. 흑산도 비리의 당제, 마리 둑제, 진리 처녀당 전설은 동제가 주민들 생활 깊숙한 곳에 자리잡고 있었음을 증명한다.

비리 당제

흑산도 비리마을의 당제는 산신제였다. 비리는 전형적인 배산임수의 마을로 어업과 농업을 겸하는데 매년 정월 초하루에서 초사흘까지 당제를 지낸다. 당제를 지내는 기간에는 출어는 물론 아무 일도 하지 않고 오로지 제의에만 정성을 다한다.

당제를 지내기 사흘 전에 제관으로 선정된 이들은 몸을 더욱 정갈히 하며 제의에 사용할 음식과 물품들을 준비한다. 제관은 2명을 선출하는데 연말 총회 때 전주민이 모여 투표로 결정한다. 제관은 마을에서 덕망이 있어야 하고 그해 큰 복을 받았다고 판단되는 사람이 선정된다.

제관이 제의를 준비하는 동안 마을 사람들은 당집 근처를 깨끗하게 청소한 뒤 금줄을 친다. 당집인 성황당에 금줄이 쳐지면 마을 사람들은 서로 성내지 않으며 큰소리로 이야기하지도 않는다. 제를 지내는 기간에는 당 근처로 배도 지나갈 수 없다.

당제는 정월 초하루 자정에 시작하여 3시까지 엄숙한 분위기 속에서 진행된다. 신에게 바칠 제물을 올려 놓고 절을 하며 염원을 드리고 소지도 올린다. 이때 특이한 점은 술과 고기는 절대 제물로 올리지 않는다는 것이다. 이는 당제로 인하여 지나친 경제적인 손실을 경계하려 하였던 탓이다.

당제의 마지막 절차는 소지 올리기이다. 소지는 각 가정에서 한 장씩 준비하여 올리는데 올라가는 모양과 높이에 따라 일년의 길흉화복이 결정된다고 믿는다. 이 소지는 제관 혼자서 올리는데 결과에 대해서는 영원한 비밀이다. 소지가 제대로 오르지 않은 가정을 배려하기 위함이다.

당제를 마치면 제관은 촛불을 흔들어 제의가 끝났음을 마을에 알린다. 이때를 맞추어 주민들은 농악을 울리며 당집으로 몰려와 한바탕 흥을 돋운 뒤 제관들과 함께 마을로 내려간다. 그리곤 제상에 올렸던 제물을 나누어 먹으며 사흘 동안 굿도 하고 놀이도 한다.

당집은 마을 북쪽 산중턱에 있는데 제를 지내는 곳을 상당, 제주가 거주하는 곳을 하당이라고 부른다. 상당에는 당신인 당영감과 당할머니의 화상이 있고 그 옆에 한지로 만든 지전이 걸려 있다. 주민들은 지전을 당거리라고 부르며 소중히 여긴다. 지전을 당영감과 당할머니의 신체로 여긴 것이다. 하당 제기실에는 제의 용품 일절과 솥, 절구 등이 있다.

당제에 필요한 물은 당샘에서 길어다 쓴다. 당샘은 성황당에서 30여 미터 정도 떨어진 해안 밑에서 솟는데 이곳 역시 신성시하여 평소에는 사용을 일체 금하고 있다. 당제를 지낼 때는 금기 사항도 많다. 당제를 며칠 앞두고 마을에 상가가 생기거나 출산하는 집이 생기면 그 해 제의를 포기하였다. 일단 부정을 타면 당제가 소용이 없다고 믿은 것이다. 흑산도 비리 마을은 이 당제를 지내면서 일년을 시작한다.

흑산도에는 비리 외에도 각 마을에서 다양한 형태의 당제와 동제를 지냈다. 그러나 10년 전부터 서서히 소멸되기 시작하여 지금은 그 맥이 거의 끊겼다. 지금까지 맥을 이어 오고 있는 당제나 동제도 그 규모나 마음가짐이 예전과 같지 않다. 홍도에서 지내던 당제도 20여 년 전부터 끊어져 이제는 당집 터만 남았다.

마리 둑제

흑산도 북서쪽에 있는 마리마을은 산골짜기를 따라 길쭉하게 형성되어 있다. 다른 마을에 비하여 농지가 적고 거칠어 어업이 주업이다. 주요 수산물은 미역, 우럭, 김 등이다. 마리는 당제, 산제, 둑제를 함께 지낸다. 당제와 산신제는 다른 마을에서 흔히 보는 제의로 정월 초하루나 초사흘에 지낸다. 제의 방법도 크게 틀리지 않고 풍어와 안녕을 기원하는 목적도 같다.

그러나 둑제는 마리에서만 볼 수 있는 독특한 제의이다. 둑제는 당제와 달리 한여름인 양력 7, 8월에 지낸다. 제신은 유왕신이라 불리는 바다 용왕이었다. 풍어와 뱃사람들의 무사 안녕과 함께 해산물이 잘 자라기를 비는 것이 이 둑제의 특징이다. 다시 말하여 둑제는 해산물의 풍요를 비는 제의였던 셈이다. 둑제는 다른 당제나 산제에 비하여 규모가 컸다. 제물로 온갖 산해진미를 차렸으며 섬에서 귀한 소도 잡아 바쳤다. 제관도 마을 사람 중에서 선출하는 것이 아니라 목포, 제주도 등지에서 이름난 법사를 초청하여 진행하였다.

둑제 기간 동안에는 마을민 전부가 모여 제의를 지켜보고 제의가 끝나면 보릿짚으로 인형을 만들어 옷을 정갈하게 입힌 뒤 목선에 태워 바다로 보낸다. 인형을 태운 목선이 바다로 나가는 것을 보며 주민들은 풍장 소리를 내며 유왕신에게 소원을 빌고 해산물의 풍요를 기원한다. 이 둑제는 소를 잡고 제관을 외지에서 초대하는 등 경비가 다른 당제에 비하여 많이 든다. 그래서 다른 당제보다 일찍 자취를 감추었다.

진리 처녀당

진리에 있는 처녀당은 흑산도 당집 가운데 보존이 가장 잘 되어 있으며 흑산도 당집의 전형적인 모습을 하고 있다. 주변에는 희귀목인 초령목, 용신당, 당샘 등을 두고 있어 가장 효험 있는 곳으로 알려졌다.

진리 처녀당 앞뜰에는 무덤이 있다. 이 무덤은 자그마한데 잔디도 입히지 않았다. 그래서 언뜻 보면 흙이 조금 돋아 있는 것처럼 보인다. 처녀당 앞뜰은 마을 어린이들의 놀이터이기도 한데 그들은 그 무덤을 절대 밟지 않는다. 타넘지도 않는다. 관광객이 아무 생각 없이 그곳에

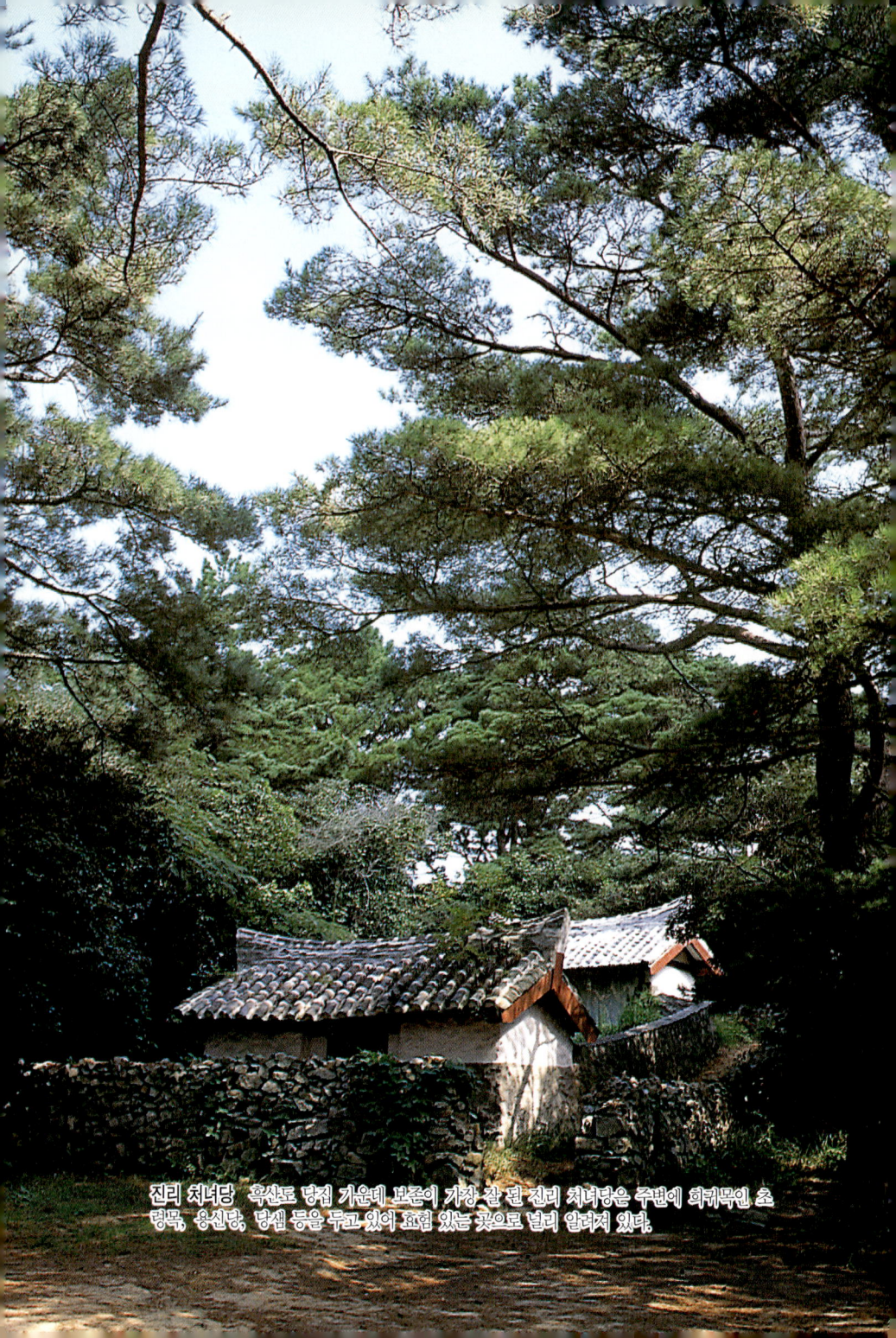

진리 처녀당 흑산도 당집 가운데 보존이 가장 잘 된 진리 처녀당은 주변에 희귀목인 초
령목, 용선당, 당섬 등을 두고 있어 묘험 있는 곳으로 널리 알려져 있다.

올라서면 주민들의 눈길이 대번에 사나워진다. 그 무덤의 주인은 처녀 신과 함께 진리 사람들의 치성을 받는 총각신이기 때문이다.

하나의 당에 처녀신과 총각신이 함께 공존하는 경우는 드물다. 신으로 추앙받는 이의 무덤이 당집 근처에 있는 것도 예삿일은 아니다. 진리 처녀당에 총각신의 무덤이 있는 내력은 신이 된 절대자도 어쩔 수 없는 남녀의 사랑 때문이다.

옛날 어느 날, 육지에서 흑산도로 옹기를 팔러 온 배가 있었다. 옹기 장수들은 배를 처녀당 아래에 묶어 두고 마을로 옹기를 팔러 내려갔다. 그때 옹기 장수를 따라온 한 총각이 있었다. 이 총각은 수려한 외모에 피리 부는 솜씨도 뛰어났다.

총각은 함께 온 사람들이 옹기를 팔러 마을로 가면 처녀당 앞에 있는 소나무에 올라앉아 옹기배를 지키며 피리를 불곤 하였다. 피리 소리는 천상의 음률인 양 완벽하였으며 듣는 이의 심금을 울렸다. 총각이 피리를 불 때면 지나가던 배도 길을 멈추고 서서 들었고 밭에서 일하던 아낙도 잠시 호미를 놓았다. 심지어 처녀당의 처녀신도 넋을 놓았다. 신이 인간의 피리 소리를 사랑하게 된 것이다. 이것이 문제였다.

옹기배는 옹기를 다 팔고 귀향하기 위하여 돛을 올렸다. 그러나 돛이 오르는 순간 폭풍우가 몰아쳐 배를 띄울 수가 없었다. 이러기를 여러 날, 옹기배 선장은 용하다고 소문난 제관을 찾아가 방법을 물었다. 처녀신과 교감하던 제관은 총각을 두고 가면 무사히 귀향할 수 있을 거라고 조언하였다. 옹기배 선장은 총각에게 마을에 내려가 술을 사오라고 심부름을 시킨 뒤 몰래 흑산도를 빠져 나갔다.

흑산도에 홀로 남은 총각은 고향을 그리워하며 소나무 가지에 걸터앉아 종일 피리만 불었다. 주민들과 말도 하지 않았고 음식물은 입에도 대지 않았다. 일주일쯤 되던 날 총각은 탈진하여 세상을 떠났다. 마을 사람들은 총각을 소나무 밑에 묻고 정성스레 제상을 올렸다. 그리고 총

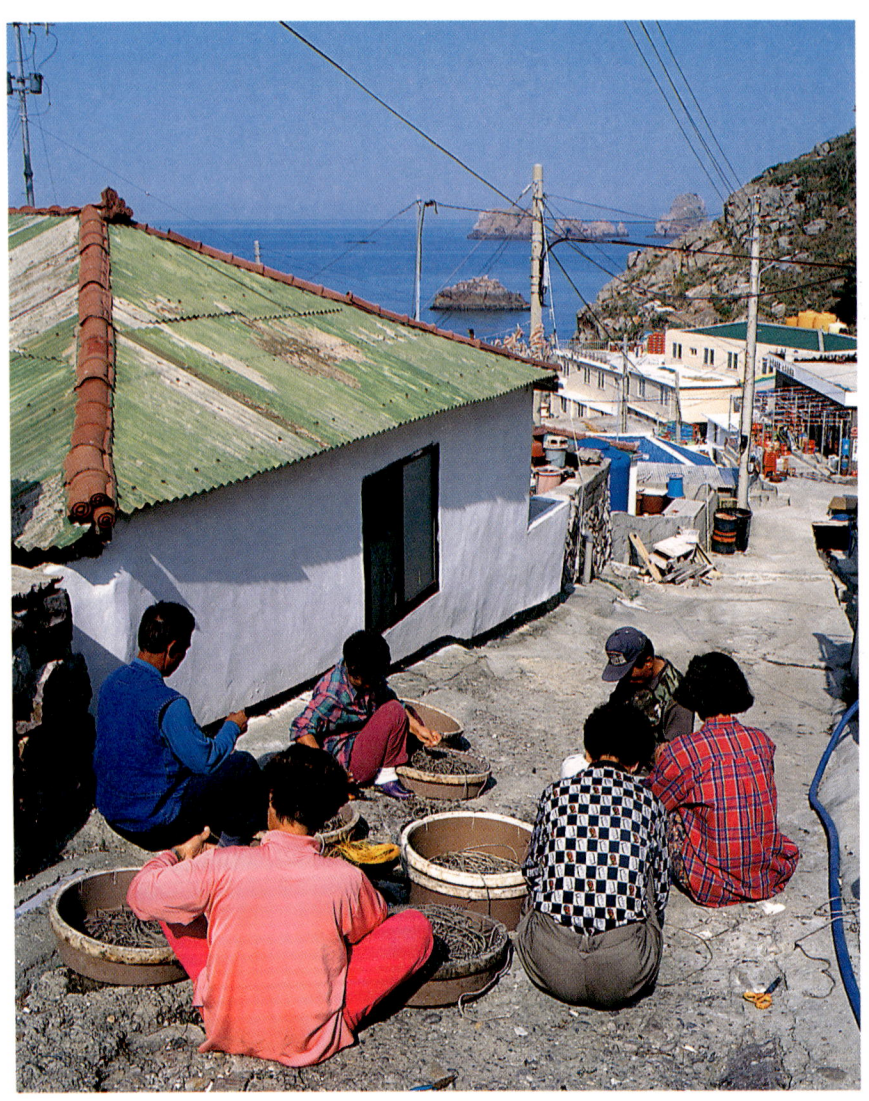

주낙을 손질하고 있는 사람들 홍도는 이제 어부나 해녀들의 섬이 아니라 관광객들을 위한 섬으로 서서히 변모하여 가고 있다. 그러나 홍도 2구에는 고기를 잡아 생활을 영위하는 어부들이 아직도 많이 있다.

각의 화상을 그려 처녀신 옆에 모셨다. 그 뒤 마을 사람들은 당제를 지낼 때 총각신에게도 제상을 올렸다.

1980년대까지도 육지의 옹기배가 이곳으로 들어와 옹기를 팔곤 하였다. 흑산도에 가마터가 없는 것으로 미루어 옹기배의 역사는 아주 오래된 일이라 여겨진다. 이 전설은 흑산도 주민과 육지에서 온 외부 사람들의 관계를 선명하게 보여 주고 있다. 처녀신이 육지에서 온 총각에게 반한 것은 흑산도 주민들의 육지에 대한 끝없는 동경을 나타내는 것이라 할 수 있다.

섬사람들의 삶

흑산도와 홍도의 주인은 어부와 해녀 그리고 그 가족임이 틀림없다. 농사를 짓는 사람도 바다에 나가 해산물을 채취하며 살았을 터이므로 섬사람들의 직업은 대부분 어업이었다. 그러나 이젠 아니다. 흑산도와 홍도에는 어부나 해녀보다 관광업 종사자들이 더 많다. 그리고 관광객을 상대로 여관을 하고 횟집을 운영하며 사는 사람들이 더 부유하다. 관광지가 되면서 섬사람들의 직업과 의식 그리고 생활상도 바뀌어 가고 있다. 앞으로도 흑산도와 홍도 사람들의 삶의 양식은 계속 바뀌어 갈 것이다.

어부와 해녀

홍도는 이제 어부나 해녀들의 섬이 아니다. 관광객들이 밀려오면서 그들을 상대로 여관과 식당을 하는 사람들의 섬으로 서서히 변모하여 가고 있다. 그러나 홍도 2구에는 고기를 잡아 생활을 영위하는 어부들이 아직도 많이 존재한다. 홍도 유일의 홍어잡이 배도 홍도 2구에 있

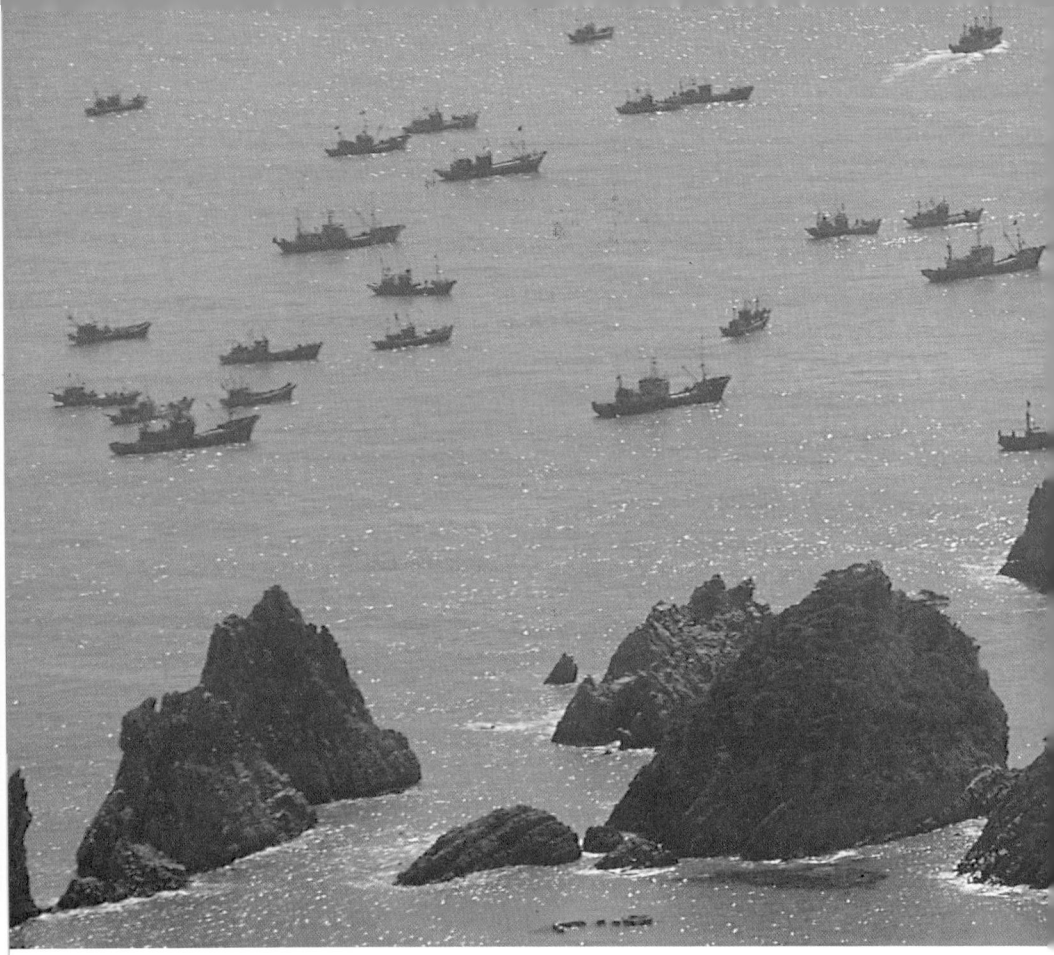

태풍을 피하여 피항한 중국 어선들 흑산도 예리항에는 태풍주의보가 내리면 인근에서 조업하던 일본, 중국, 대만 등 다양한 국적의 배들이 피항한다. 국적이 다른 이 배들은 항구로 들어오지 못하고 항구 부근에서 태풍이 지나가기를 기다린다.

신다. 술뿐만이 아니라 불안하기만 한 자신들의 바다 생활도 함께 마셔 버린다.

예리항에는 이런 뱃사람들을 위하여 도회지형 술집이 생겨나기 시작하였다. 그리고 육지에서 술을 따르던 젊은 처자들이 예리항으로 꾸역꾸역 모여들어 술집에 고단한 뿌리를 내리기 시작하였다. 그 여자들을

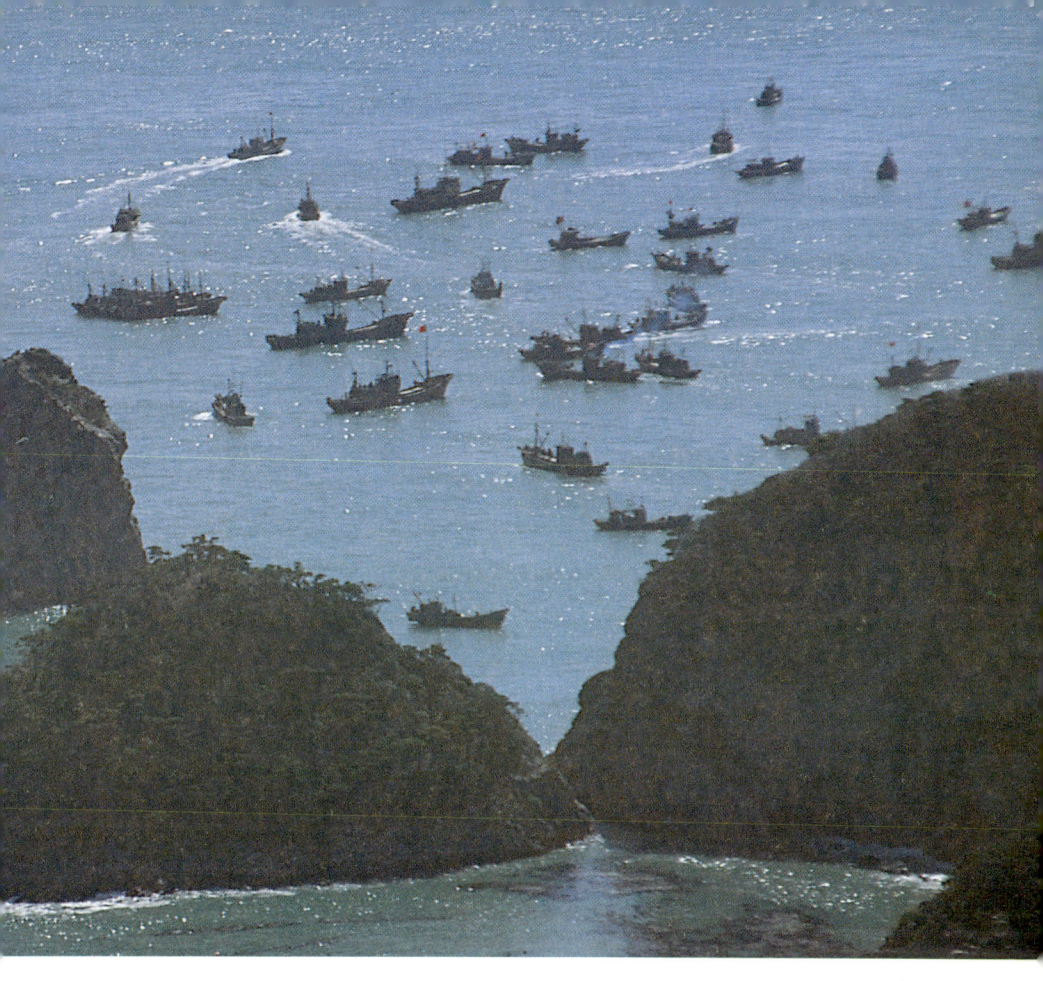

일러 뱃사람들은 '흑산도 갈매기'라고 부른다. 흑산도 갈매기의 정확한 숫자는 알려지지 않고 있다. 워낙 바람처럼 떠도는 생인지라 소리 없이 왔다 소리 없이 떠나기 때문이다. 그늘은 대부분 마음과 주소는 육지에 두고 몸만 달랑 온다.

망망대해에 맞겨진 인생이 불안하기만 한 뱃사람과 외딴 섬에 갇혀 넓은 세상으로의 탈출을 꿈꾸는 흑산도 갈매기는 서로의 허전함을 채워 주는 존재이다. 그래서 그들 사이에는 간혹 애절한 사랑이 싹트기도

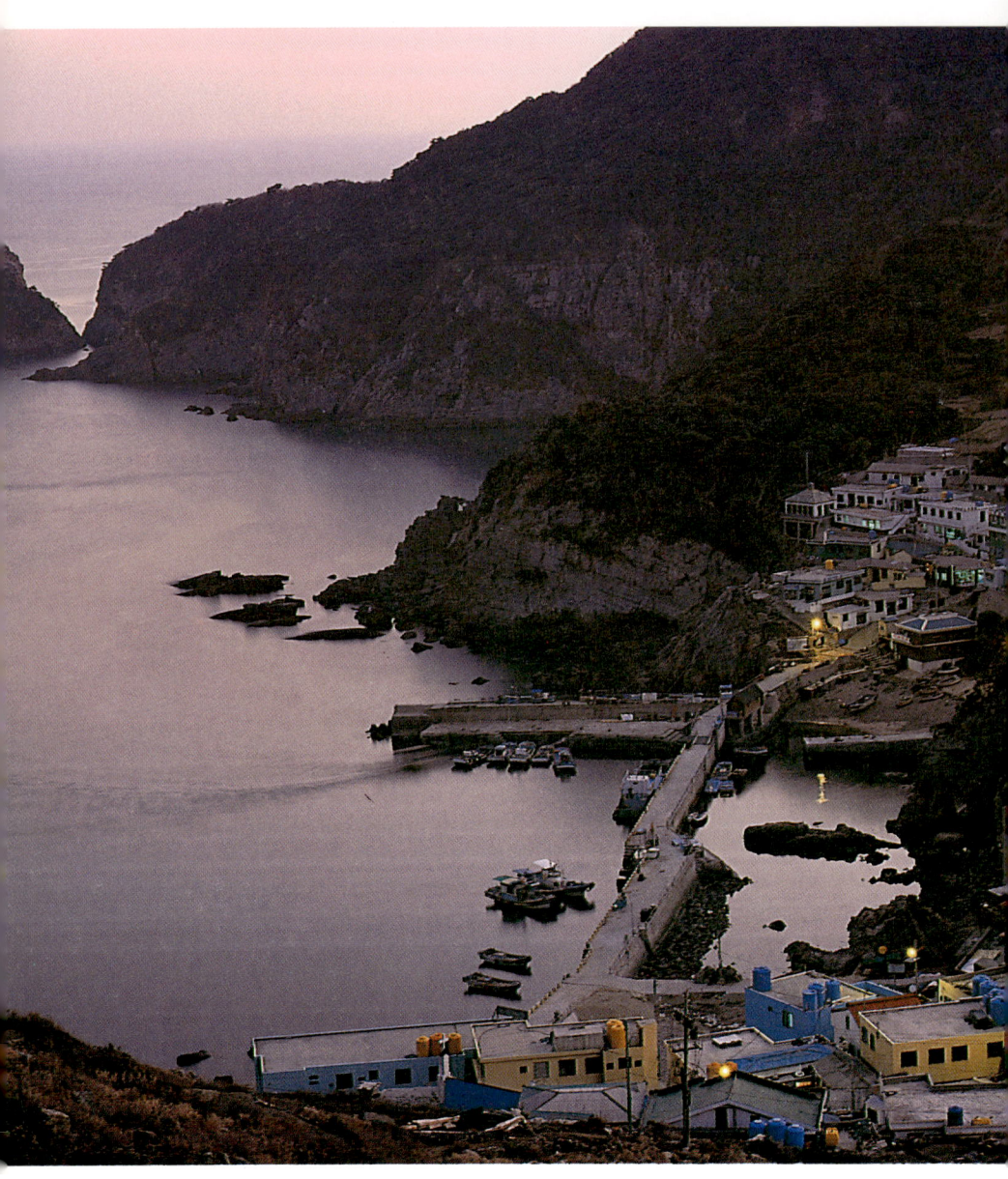

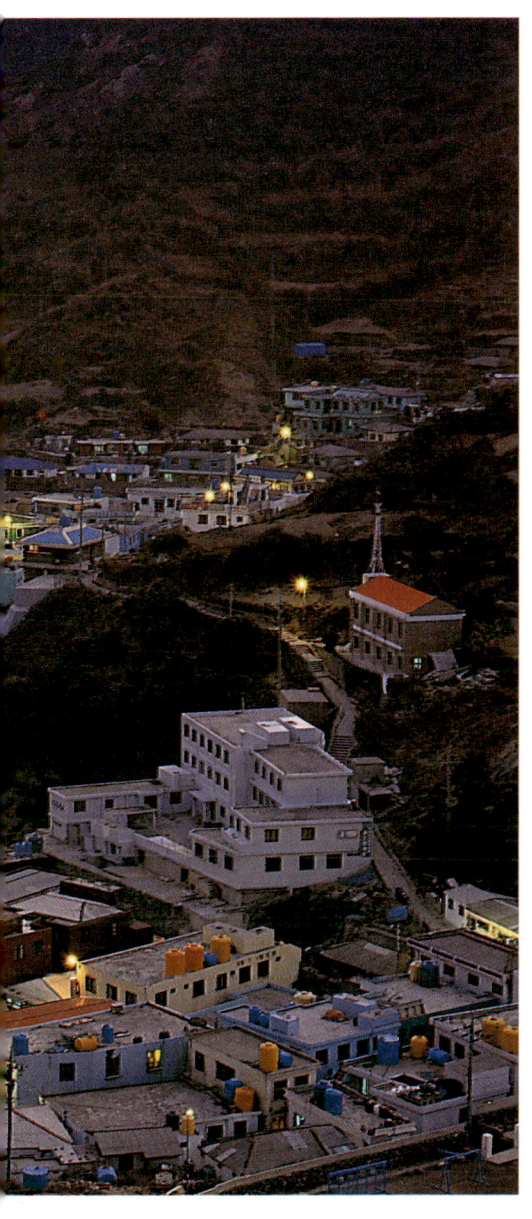

한다. 예리항에 두고 온 여인을 생각하며 만선으로 돌아갈 날만 기다리는 총각 어부와 부치지 못하는 편지를 밤마다 쓰며 어부를 기다리는 흑산도 갈매기.

그렇지만 자신들의 삶처럼 불안정한 그들의 사랑은 대부분 비극으로 끝나 버리기 쉽다. 결국 아픈 기억만 하나 더 보탠 채 흑산도 갈매기들은 예리항의 갈매기들과 더불어 항구를 서성인다. 언젠가는 예리항의 갈매기들처럼 자유롭게 비상할 수 있는 날이 오기를 꿈꾸며……

외지에서 온 사람들
홍도 1구와 흑산도 예리항에는 육지 관광지에서 볼 수 있는 모든 위락 시설물이 있다.

홍도 1구의 저녁 풍경 홍도 1구에는 육지 관광지에서 볼 수 있는 모든 위락 시설물이 있다. 밤이면 이들이 밝히는 환한 불빛이 항구를 감싼다.

사람이 살고 사람이 찾아오는 곳이라 여관과 식당은 당연히 있어야 한다. 사람이 사는 곳에 먹고 잠자는 곳이 없으면 오히려 이상하다.

하지만 인구 500명이 채 안 되는 작은 섬 홍도에 각종 유흥 시설이 모두 갖춰져 있다. 흑산도에도 노래방이 있고 대형 술집이 있다. 이 정도면 육지의 유명 관광지 못지 않다. 흑산도와 홍도에 관광객이 몰리면서 위락 시설이 형성되기 시작하였는데 주인은 대부분 외지 사람들이다. 재리에 일찍이 눈뜬 사람들이 몰려와 관광 산업에 종사하기 시작한 것이다. 홍도 제일의 여관이나 식당 주인은 대부분 외지인이다. 흑산도도 마찬가지다. 그래서 흑산도나 홍도의 여관이나 식당에 가면 섬 특유의 정서를 느끼기 힘들다. 도회지의 편리함과 안락함이 있을 뿐이다.

육지에서 관광업을 하던 경험과 자본을 지닌 이들의 진출은 빛과 그림자를 동시에 던지고 있다. 그림자는 외진 섬 특유의 분위기를 희석시킨다는 데 있다. 이는 흑산도나 홍도 관광업 장래에 치명적이기도 하다. 그러나 낙후된 섬의 관광업을 발달시켰다는 빛도 동시에 지닌다. 전기도 들어오지 않고 식수도 귀할 때 흑산도와 홍도에 들어와 꾸준히 관광객을 유치시킨 것은 분명 이들의 공로다.

흑산도와 홍도에서 관광 산업에 종사하는 이들은 흑산도와 홍도를 널리 알리는 데는 기여하였지만 섬 특유의 색깔을 유지하는 데는 실패하였다. 앞으로 흑산도와 홍도만이 가지는 독특한 관광 분위기를 조성하는 것은 이들에게 부과된 의무이다.

공공 기관에 근무하는 이들도 관광업에 종사하는 이들처럼 주로 외지에서 온 사람들이 많다. 작고 외진 섬 홍도에는 홍도관리사무소, 다도해해상국립공원 홍도분소, 홍도분교, 우체국, 보건지소, 목포경찰서 흑산파출소 홍도출장소, 해경초소, 전화국, 농협, 홍도등대, 농협 등의 공공성을 띠는 주민 편의 시설이 있다. 흑산도에는 더 많다. 면사무소, 흑산지서, 해경지서, 흑산기상대, 흑산초등학교, 흑산중학교, 우체국,

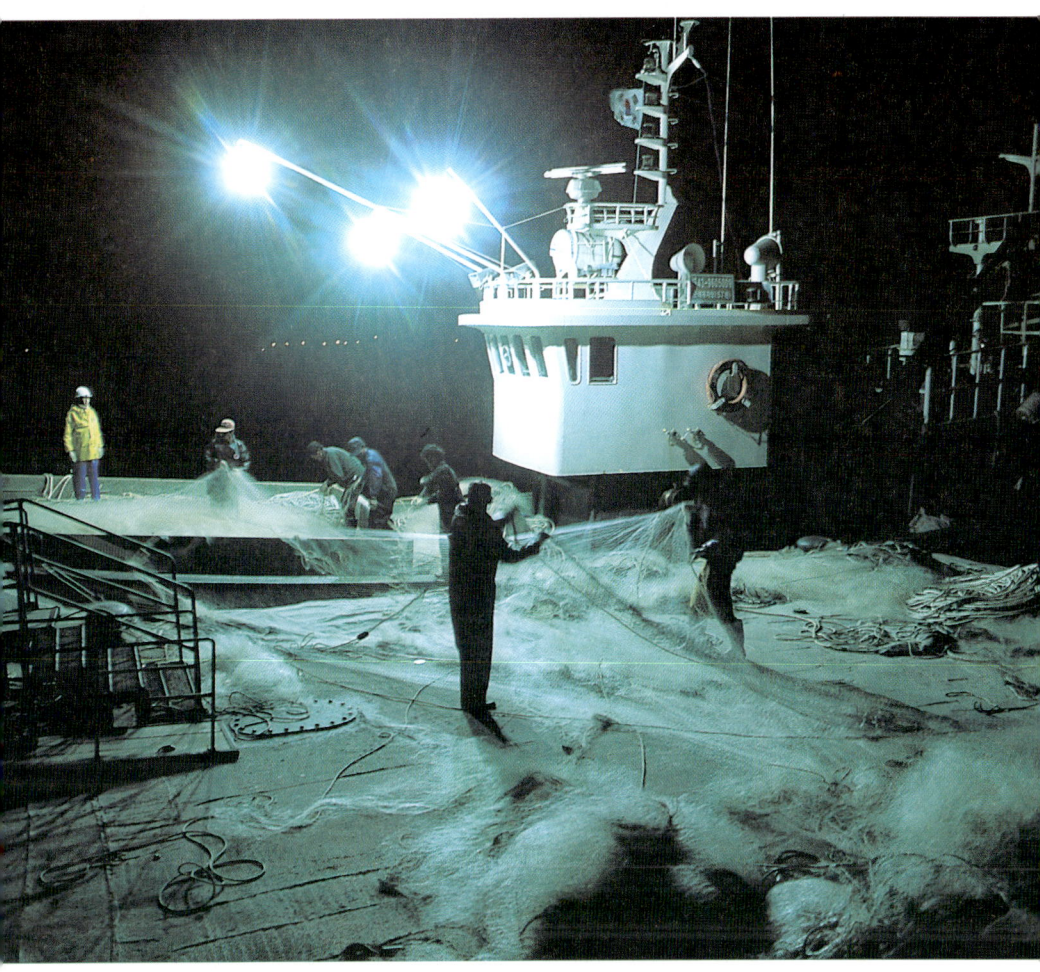

그물을 손질하는 어부와 조기잡이배 예리항은 육지의 항구에서 고기잡이 나온 배들이 물
자를 조달하거나 선박과 그물을 손질하기 위하여 잠시 들르는 곳이다.

전화국, 수협, 농협, 보건지소 등이 있다.

　이런 공공 시설에는 종사하는 사람이 있게 마련이고 또한 그 사람들은 전문직이다. 전문직인 만큼 외지인이 많다. 이들은 토요일 오후면 고향을 가거나 밀린 일을 보러 섬을 빠져 나간다. 그리고는 일요일 오후나 월요일 첫배로 들어온다. 흑산도와 홍도에는 본토박이보다 이런저런 이유로 들어오는 외지인들이 점차 늘어가고 있다.

학꽁치잡이배 두 척의 배가 그물의 끝을 잡고 홍도를 한 바퀴 돌며 학꽁치를 잡고 있다.

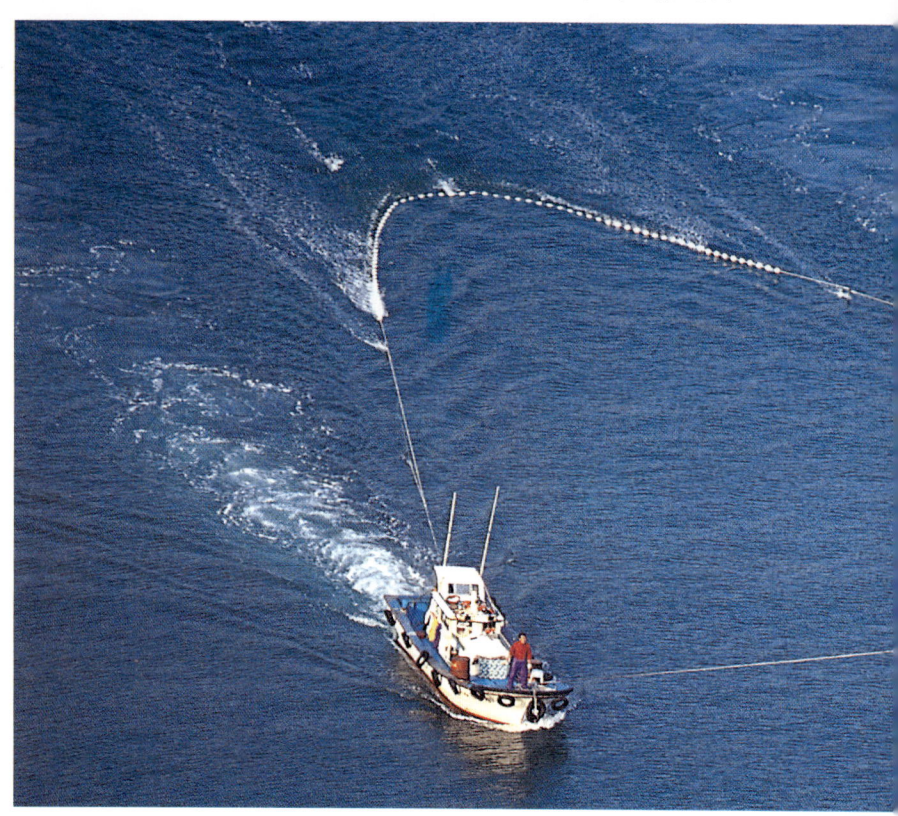

특산물

흑산도 인근 해역은 우리나라 최고의 어장 가운데 하나이다. 홍어를 비롯하여 대하, 멸치, 김, 오징어 등은 전국 어시장에서 일급으로 친다. 흑산도 가두리 양식장에서 기른 수산물도 자연산과 거의 동급으로 분류한다.

흑산도 근해에서는 고등어, 아귀, 성게, 전복, 복어, 강달어, 가리

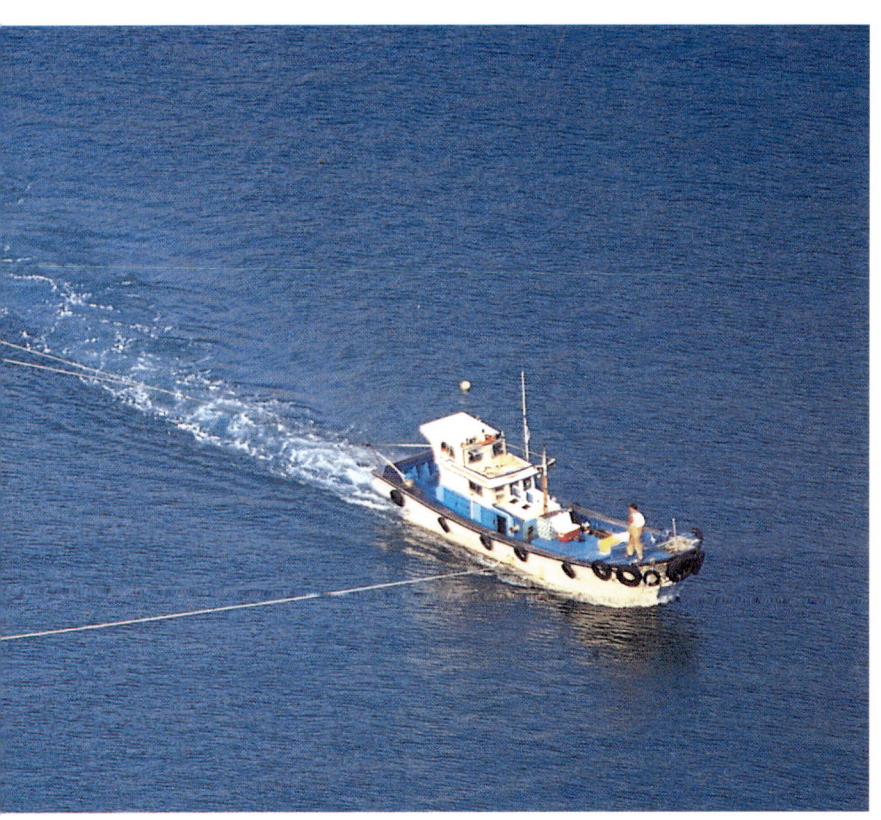

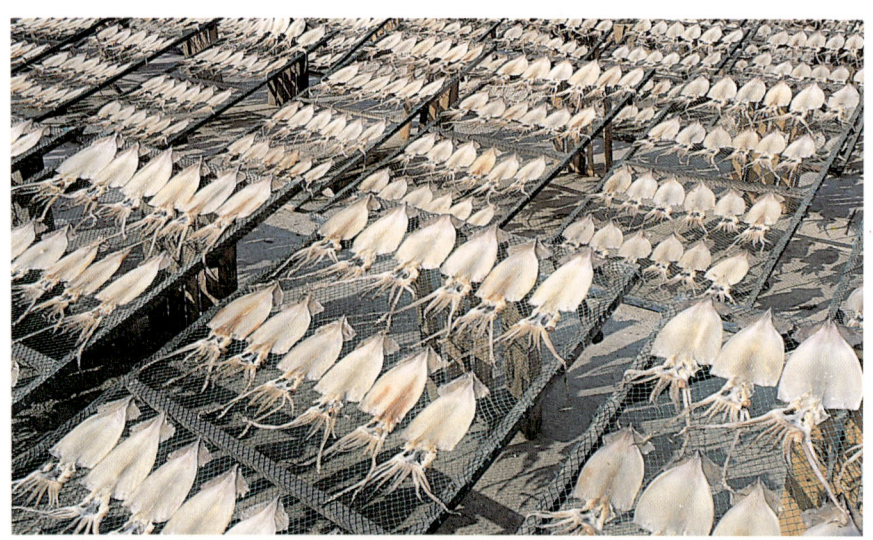

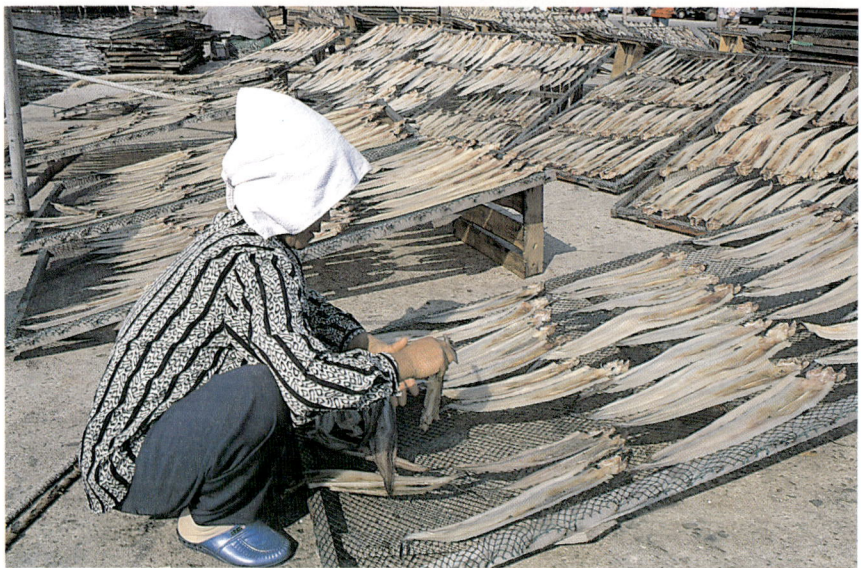

흑산도의 특산물 오징어와 생선을 말리고 있는 아낙 홍어를 비롯하여 오징어, 멸치 등이 주로 잡히는 흑산도 인근 해역은 우리나라 최고의 어장 가운데 하나이다.

비, 농어, 꽁치, 전갱이 등도 무한대로 잡힌다. 특히 멸치는 흑산도 주민들의 주요 소득원이다. 대하와 아귀는 10월에서 다음해 5월까지가 성어기이다. 이중 아귀는 정월에는 잘 잡히지 않는다. 성게나 왕장구는 10월부터 다음해 1월까지가 성어기인데 6월과 7월에도 잡힌다. 전복은 4월에서 7월, 11월과 12월에 건져내는 것이 맛이 좋으며 활장어는 7월에서 10월에 주로 잡힌다.

근래 들어 엘리뇨 현상으로 인한 기상 이변으로 성어기가 다소 변하고 생산량이 줄어들고 있다. 특히 돌미역 등의 해산물이 급격하게 감소하고 있다.

흑산도의 별미, 홍탁 삼합

홍어는 징그럽게 생겼다. 도무지 맛이라곤 없을 것 같은 형상을 하고 있다. 그러나 홍어의 조상은 3억 년 전에 인간보다 먼저 이 지구상에 출현하여 성공적으로 진화하여 살아 남은 동물이다.

흑산 홍어는 가을이 깊어 가는 10월부터 초여름이 시작되는 5월까지가 성어기이다. 흑산 홍어의 특징 중의 하나는 껍질이 연하다는 것이다. 다른 곳에서 잡히는 홍어는 껍질이 질긴 탓에 벗겨서 요리하는데 흑산 홍어는 그대로 요리한다. 껍질을 벗겨 요리하면 오히려 독특한 맛이 없어지기 때문이다. 흑산 홍어의 각별한 맛은 두껍고 결이 지는 살점에 있다.

전국 어시장에 가면 흑산 홍어라는 표찰을 붙인 홍어를 흔히 볼 수 있다. 하지만 그것들은 대부분 가짜이다. 흑산 홍어는 잡혀서도 흑산도를 벗어나지 못한다. 흑산도에서 잡히는 홍어는 흑산도의 구매량을 채우기에도 벅차기 때문이다. 흑산 홍어가 가장 멀리 나가 본 육지는 아마 목포 정도일 거라고 홍어배 사람들은 장담한다. 육지의 어시장에서 만나는 홍어는 대부분 외국산이다. 간혹 인천이나 군산에서 잡힌 홍어

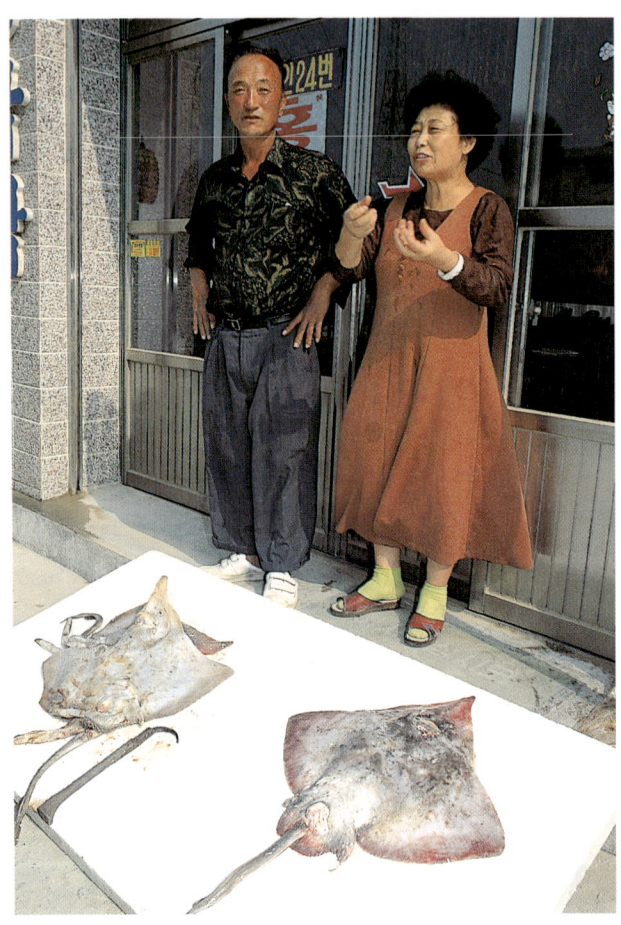

흑산 홍어 자랑에 열을 올리고 있는 중개인 홍어는 흑산도 인근의 대표
적인 특산물이다. 왼쪽이 암컷, 오른쪽은 수컷이다.

를 볼 때도 있겠지만.

흑산 홍어와 외국산 홍어는 몇 가지 차이점을 지닌다. 잡은 홍어는 얼음에 재워 보관하는데 외국산 홍어는 시간이 지나면서 색이 차츰 거무튀튀해진다. 흑산 홍어는 명품답게 얼음 속에서도 본래의 빨간 몸빛을 잃지 않는다. 모양에서도 확연히 구분이 된다. 흑산 홍어는 지느러미에 가시가 박혀 있고 몸이 검붉다.

흑산 홍어의 요리법은 여러 가지이다. 회를 쳐서 먹기도 하고 끓여 먹기도 하는데 어느 경우에도 찰기진 육질은 변하지 않는다. 또한 썩여서 먹기도 한다. 약간 썩인 흑산 홍어를 홍탁이라고 하는데 요리법은 간단하면서도 특이하다. 홍어를 항아리에 담아 밀봉한 뒤 두엄 속에 묻어 사흘 정도 썩인다. 이렇게 썩인 홍어를 식탁에 올리면 코를 톡 쏘는 냄새가 난다. 비위가 약한 사람은 외면하게 되는 그 냄새와 식도를 타고 넘어가면서 입 안을 확 달구는 매운 맛을 미식가들은 못 잊어한다. 홍탁은 막걸리를 곁들여 먹어야 제맛이 난다고 한다.

홍어는 삶은 돼지 고기를 채치듯 가늘게 썰어 배추김치에 싸서 먹기도 한다. 이를 '홍탁 삼합'이라고 하는데 홍어 요리의 최고로 친다. 취향에 따라 무와 미나리를 섞어 회를 쳐 먹기도 하고 무를 넣어 찜을 쪄 먹기도 한다.

흑산 홍어는 암컷이 수컷에 비하여 2배 정도 비싸다. 수컷이 아무리 커도 작은 암컷의 가격에 미치지 못한다. 이유는 암컷의 육질이 부드럽고 담백하기 때문이다. 흑산 홍어는 마리당 보통 20만 원 선에서 경매가 시작되는데 80만 원을 웃돌 때도 허다하다. 흑산 홍어가 고가로 경매되는 것은 어획량이 차츰 감소하는 데다 잡는 과정이 힘들어 홍어배가 사라지는 탓이다. 홍어배는 흑산도에 세 척, 홍도에 한 척 등 모두 네 척뿐이다.

무리지어 다니는 홍어는 자신들만의 바닷길이 있다. 차선이나 인도가 있을 리 없는 바다지만 홍어는 꼭 그 길로만 다닌다고 한다. 이 길을 홍어배 사람들은 홍어 통로라고 부르는데 그 길을 본능적으로 감지하지 못하면 늘 빈 배로 귀향하게 된다.

홍어배는 이른 아침에 출어하여 40에서 60마일을 나간다. 2톤 정도의 어선이므로 종일 가야 되는 거리다. 그렇게 가기만 한다고 홍어가 기다리고 있는 것은 아니다. 홍어 통로라고 여겨지는 부근에 무려 500여 개의 낚시통을 던져야 한다. 홍어는 주로 주낙으로 잡는다. 주낙을 풀어 놓고 홍어배는 항구로 돌아와 며칠을 기다리다 다시 출어하여 낚시를 건진다. 주낙을 건지는 것은 주낙을 던지는 것보다 곱으로 힘이 들어 일주일 정도 건져야 모두 올릴 수 있다.

홍어배는 선주를 비롯하여 7, 8명이 한 조를 이루는데 한 번 출어를 나가 30마리 정도를 수확하면 용왕님께 감사를 드린다. 빈 배로 돌아오는 경우가 더 많기 때문이다. 홍어배의 기록적인 어획고는 한 회 출항하여 300여 마리의 홍어를 건진 것이다. 이날은 홍어들이 미쳐 날뛰었다고 흑산도 사람들이 표현할 만큼 홍어잡이의 신기록이었다.

여행중에 만나는 풍경

여행의 가장 큰 명제는 아는 것만큼 느낀다는 것이다. 여행하고 있는 곳에 대하여 얼마만큼의 지식을 가지고 있느냐에 따라 여행의 질과 품격이 달라진다는 것이다. 흑산도와 홍도의 경우 이 명제가 아주 유효하다. 흑산도와 홍도의 아름다운 자연미와 특이한 문화 그리고 사람의 삶을 제대로 느끼려면 많이 걷고 많은 사람과 이야기를 나누어야 한다. 흑산도와 홍도 사람들의 고단한 역사와 생존하기 위한 삶의 방식은 해안 절벽의 아름다움을 감상하는 것과는 또 다른 뭉클함을 던져 준다. 그 뭉클함은 이 땅에 사는 사람들에 대한 이해인 동시에 사랑이다.

취락 구조

홍도 1구의 마을 구조는 흡사 달동네 같다. 산을 깎아 집을 지었기 때문에 바위에 붙어 있는 조가비들을 연상시키기도 한다. 흑산도는 그러나 평지나 산에 기대어 집을 지어 육지의 시골 마을 풍경을 연상시킨다. 홍도 1구와 2구는 거리상으로는 지척이지만 취락 구조는 전혀 다른 모습을 하고 있다. 홍도 1구는 관광 유락지 같은 분위기이고 홍도 2구는 보기만 하여도 가슴 훈훈해지는 전형적인 섬마을의 모습을 하고

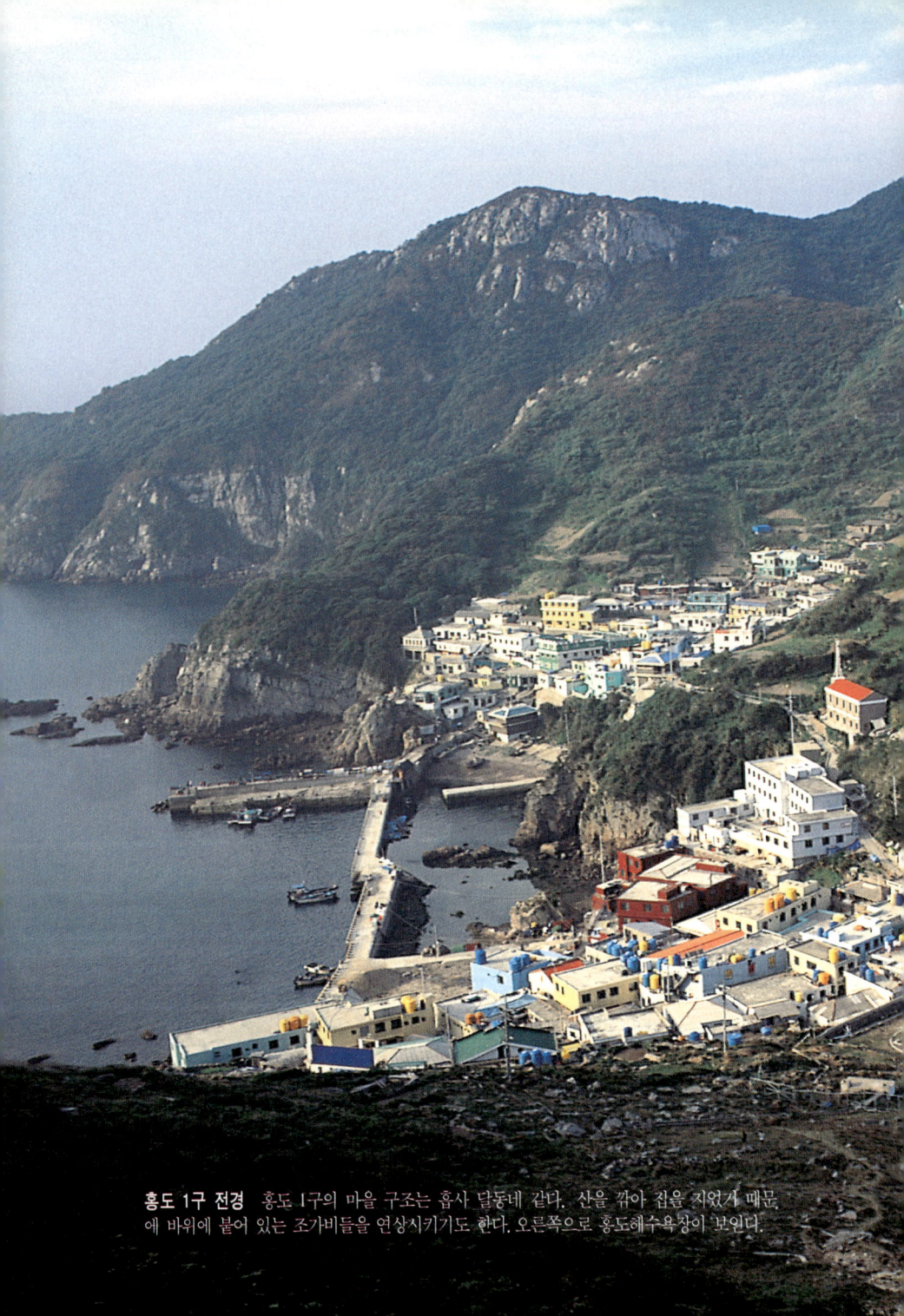

홍도 1구 전경 홍도 1구의 마을 구조는 흡사 달동네 같다. 산을 깎아 집을 지었기 때문에 바위에 붙어 있는 조가비들을 연상시키기도 한다. 오른쪽으로 홍도해수욕장이 보인다.

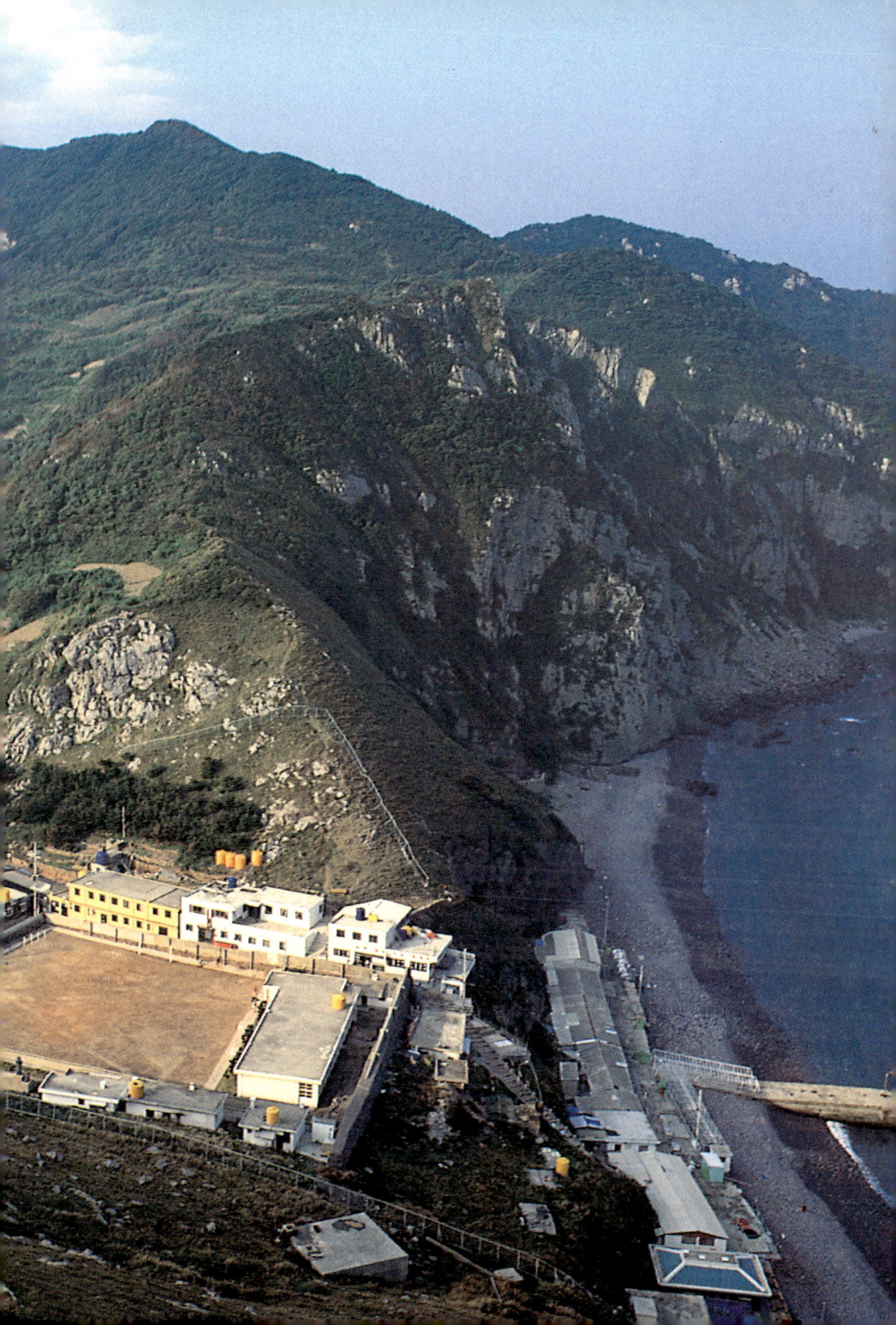

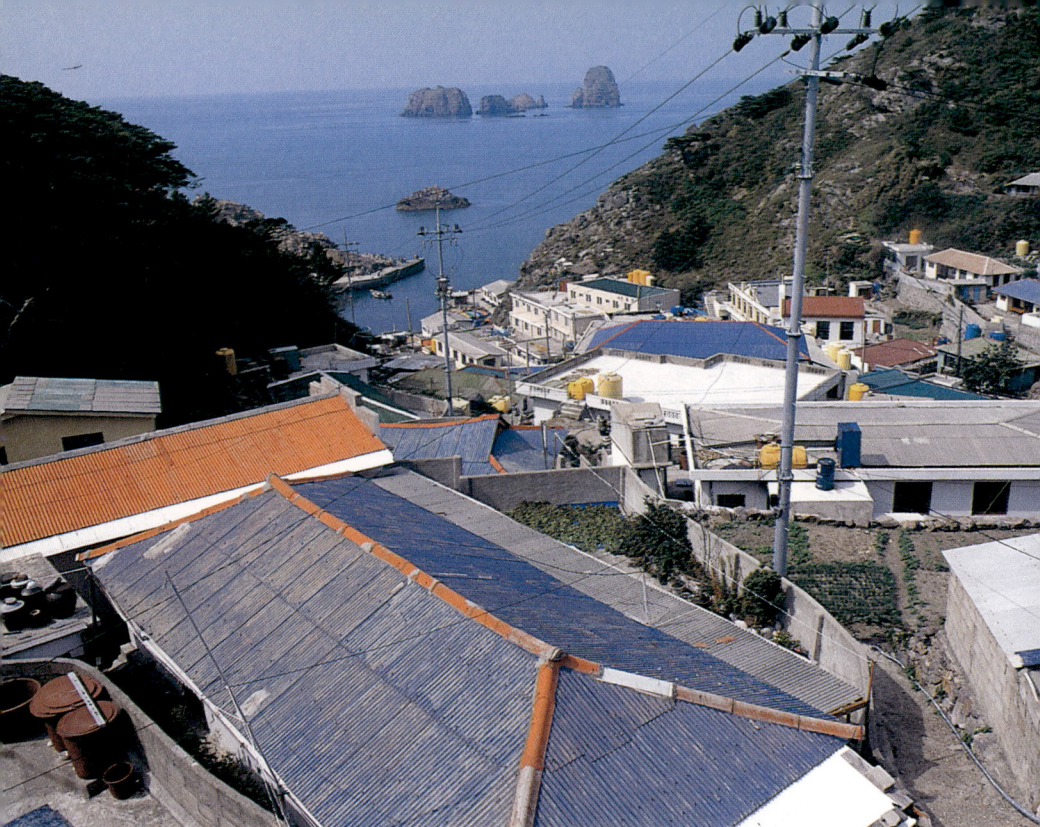

홍도 2구 홍도 2구는 홍도 1구와는 달리 보기만 하여도 가슴 훈훈해지는 전형적인 섬마을의 모습을 하고 있다.

있다. 흑산도의 마을도 홍도처럼 두 가지 형태로 나누어 볼 수 있다. 예리항 주변이 전형적인 항구 모습이라면 다른 마을들은 어촌과 농촌이 병존하는 형태이다.

대부분의 관광객들은 홍도의 경우 1구에, 흑산도의 경우 예리항 주변에 집중적으로 몰리고 있다. 이는 교통과 홍보가 두 곳으로 집중된 탓이다. 하지만 외딴 섬의 아름다움을 모두 향유하려면 하나의 섬이면서도 전혀 다른 모습을 하고 있는 다른 마을을 둘러봐야 한다.

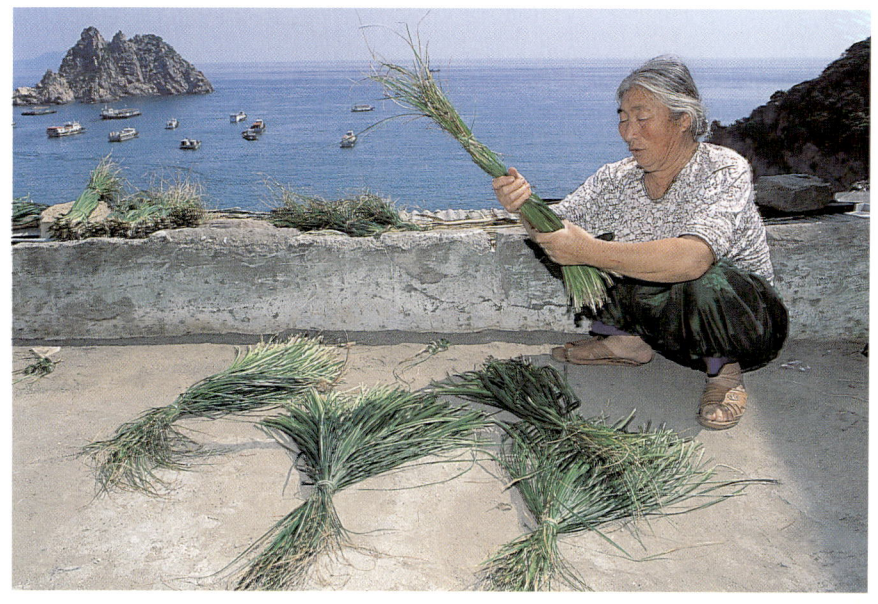

김 말리는 발을 만들고 있는 할머니 홍도와 흑산도의 아름다운 자연미와 특이한 문화 그리고 사람들의 삶을 제대로 느끼려면 많이 걷고 많은 사람과 이야기를 나누어야 한다.

생활이 된 이산

주민들의 생활 중 가장 큰 고통은 이산(離散)의 아픔이다. 출어를 나간 남편과의 이별은 오래 숙련된 것이라서 이제 생활의 일부이다. 그리고 그런 이별에는 어느 정도 이력이 붙었다. 이들에게는 자식들과의 이별이 더 큰 아픔이다. 홍도에는 중학교가 없고 흑산도에는 고등학교가 없다. 그래서 홍도 아이들은 초등학교를 졸업하면 중학교를 다니러 목포, 광주 등 대처로 나가야 한다. 흑산도에서 중학교를 졸업한 학생도 마찬가지다. 이런 이유로 주민들은 두 집 살림이 예사이고 세 집 살림을 하는 경우도 허다하다.

큰아들은 서울에서 대학 다니고 막내딸은 목포에서 중학교에 다니면

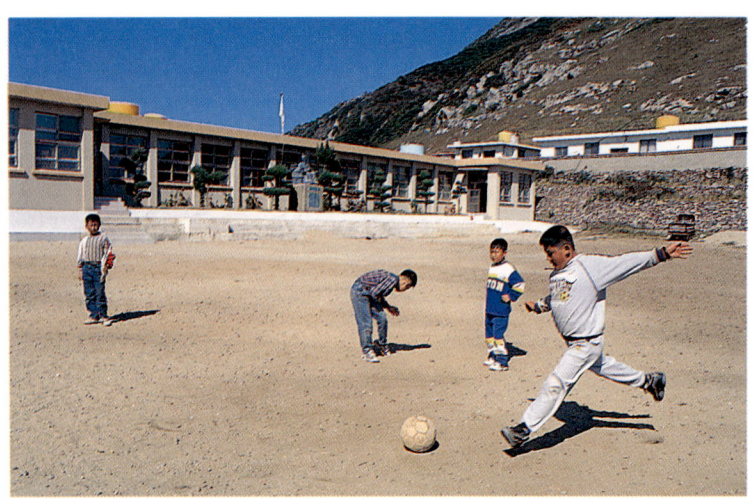

홍도초등학교 운동장에서 뛰놀고 있는 아이들 홍도에는 중학교가 없다. 그래서 홍도 아이들은 초등학교를 졸업하면 중학교를 다니러 목포, 광주 등 대처로 나가야 한다.

간단히 세 집 살림이 된다. 떨어져 사는 자식들과의 내왕도 육지처럼 자유롭지 못하다. 대처에 나갔던 자식들이 고향에 가기 위하여 목포항에 왔다 폭풍주의보를 만나 발길이 묶이는 건 예사이니까.

우리 민족의 명절 귀향 풍속은 아름다우나 한편으로는 괴롭기도 하다. 설이나 추석 때가 되면 서울에서 대전까지 10여 시간, 부산까지는 20여 시간이 넘게 걸렸다는 신기록이 해마다 경신되고 있다. 주차장 같은 차 안에서의 귀향길이지만 외딴 섬사람들에 비하면 그래도 행복한 편이다.

섬이 고향인 사람들은 기상이 악화되면 고향에 가지 못한다. 명절 귀향 풍경 중 빠지지 않는 것이 목포 여객선터미널에서 고향을 향하여 절을 올리는 사람들의 모습이다. 흑산도와 홍도 주민들은 이런 이중 삼중의 이산을 겪는다.

일용품 공급처, 목포

흑산도와 홍도에 정기 항로가 개설되기 전에는 쌀이나 보리 등 일용품을 구하기 위하여 돛단배를 타고 목포로 가야 하였다. 돛단배에 싣고 가는 것은 주로 해산물인데 이를 팔아 원하는 일용품을 구하였다. 돛단배는 바람이 주요 동력이고 길잡이는 나침반과 선장의 감뿐이다. 이런 상황이니 목포에 갔다 오는데 걸리는 시간은 대략 보름 정도, 도중에 기상이 악화되면 한 달 이상이 걸리기도 하고 조난을 당하기도 한다.

흑산도와 홍도 사람들이 일용품을 구하러 육지로 나가는 일은 시간이 많이 걸릴 뿐만 아니라 목숨을 담보로 하는 일이었다. 그래서 지난 시절 홍도 사람들은 김치를 담가 먹지 못하였다고 한다. 김칫거리를

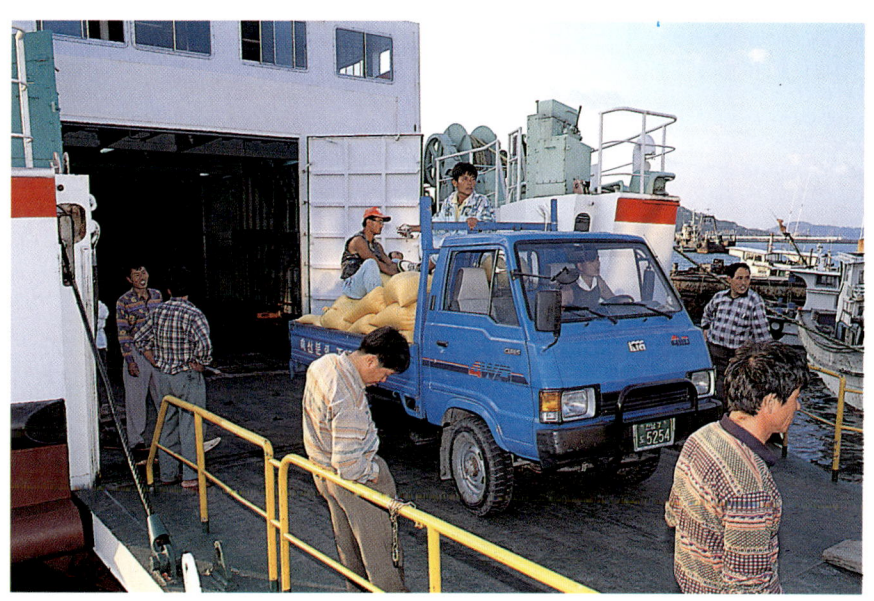

짐을 내리고 있는 카페리 카페리가 운항되면서 섬에서 소요되는 물자 운반이 손쉬워져 주민들의 생활이 향상되었다.

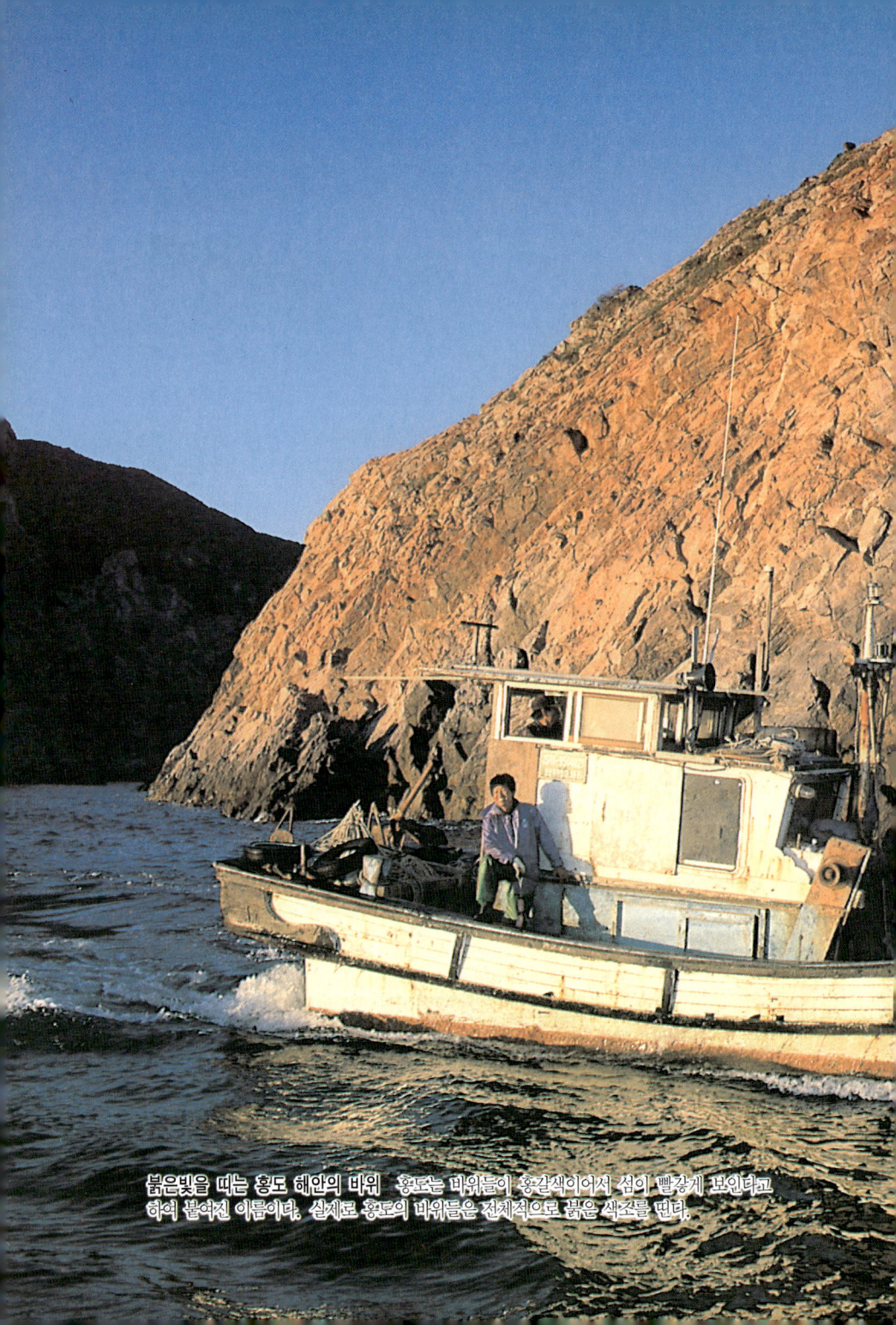

붉은빛을 띠는 홍도 해안의 바위 홍도는 바위들이 홍갈색이어서 섬이 빨갛게 보인다고
하여 붙여진 이름이다. 실제로 홍도의 바위들은 전체적으로 붉은 색조를 띤다.

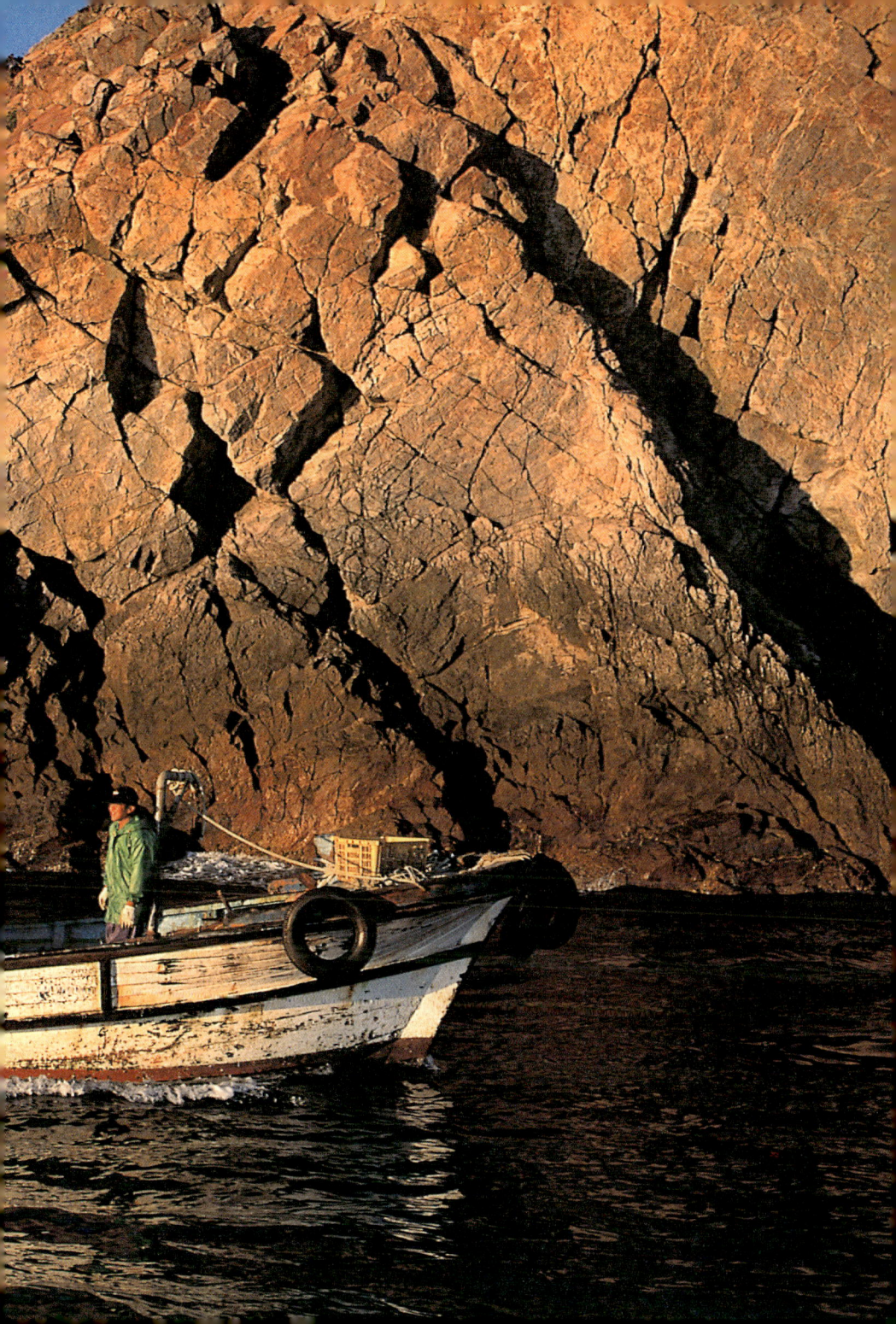

구하러 목숨 걸고 목포에 갈 수는 없는 일이었다. 지금은 쾌속선이나 화물선이 수시로 운항하여 이런 불편은 해소되었다.

흐르는 물이 없는 홍도

홍도는 바위들이 홍갈색이어서 섬이 빨갛게 보인다고 하여 붙여진 이름이다. 실제 홍도의 바위들은 전체적으로 붉은 색조를 띤다. 지금은 홍도로 불리지만 예전에는 섬이 바다 위에 떠 있는 매화꽃과 흡사하다 하여 매가도라 불리기도 하였다.

홍도에는 식수가 절대적으로 부족하다. 계곡이 없어 물이 전혀 흐르지 않는다. 그래서 홍도 사람들은 빗물을 받아 식수와 생활용수로 이용하였고 집을 지을 때는 지하에 물탱크를 반드시 만들었다. 1995년에 암반수를 개발하면서부터 홍도에서는 겨우 물을 마음대로 사용하기 시작하였다. 신은 홍도에 빼어난 자연 경관을 주면서 물은 1995년에야 비로소 제공하기 시작한 것이다.

관광 안내

여행을 떠나기 전에는 방문할 곳에 대한 정보를 미리 알아보는 사전 준비가 필요하다. 들를 곳에 대한 다양한 지식과 짜임새 있는 여행 일정의 작성이 알차고 보람 있는 여행을 보장한다.

바다 낚시와 산책길

홍도와 흑산도를 찾는 이들에게는 유람선이나 일주도로를 타고 섬을 한 바퀴 도는 것이 주요 목적이다. 그러나 이것만으로 홍도와 흑산도 관광을 끝내기에는 뭔가 아쉬움을 느끼게 된다. 이럴 때 바다 낚시나 산책은 또 다른 여행의 멋과 여유를 가져다준다.

홍도와 흑산도는 아마추어도 쉽게 손맛을 볼 수 있을 정도로 낚시터로도 유명하다. 돌돔과 농어는 6월에서 8월, 열기와 우럭은 9월에서 11월, 감성돔은 11월에서 다음해 2월까지가 절경이다. 두 섬에서 바다 낚시를 할 때는 낚싯배를 대여하는 것이 좋다. 낚싯배를 대여하면 낚시 도구 일체를 빌릴 수도 있다. 이곳 어부들은 지금 유어선 관광을 추진

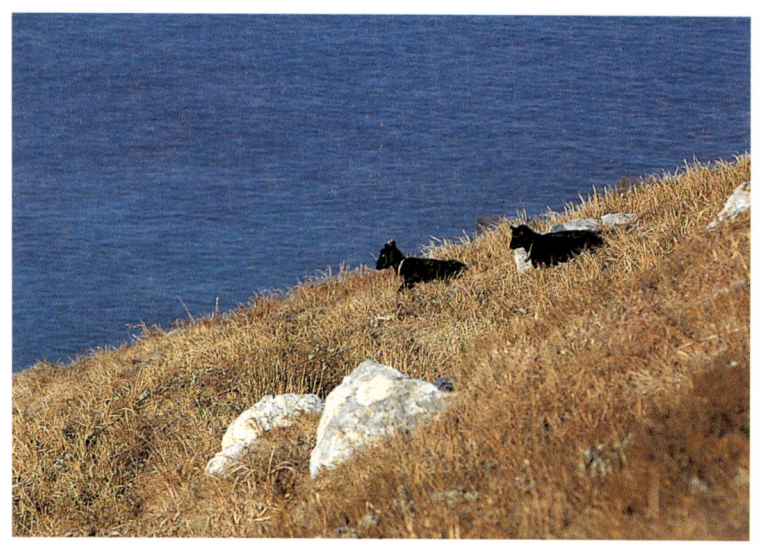

한가로이 풀을 뜯고 있는 염소 유람선이나 일주도로로 관광하는 틈틈이 산책에 나서면 섬의 또 다른 모습들을 볼 수 있다.

하고 있다. 바다 낚시도 하고 해안 절벽도 관광하는 낚싯배 관광을 상품화하는 것이다.

　유람선이나 일주도로로 관광하는 틈틈이 아침이나 저녁 시간의 여유를 이용하여 산책길에 나서 보는 것도 좋다. 홍도에 온 사람들은 유람선을 타고 나면 대부분 홍도 관광이 끝났다고 생각한다. 산책을 나간다고 해도 홍도해수욕장이나 난 전시실을 둘러보는 정도이다. 이곳 정도만 둘러보고는 홍도 구경에 마침표를 찍는다. 그러나 홍도는 다양한 산책길이 있다. 제1로는 난 전시실을 거쳐 당숲으로 가는 길이다. 난 전시실 앞을 지나 산길을 5분 정도 걸으면 당숲이 나온다. 당숲은 홍도 사람들이 신성시하는 곳으로 옛날에 당집이 있던 곳이다. 지금은 당이 허물어져 터만 남아 있다.

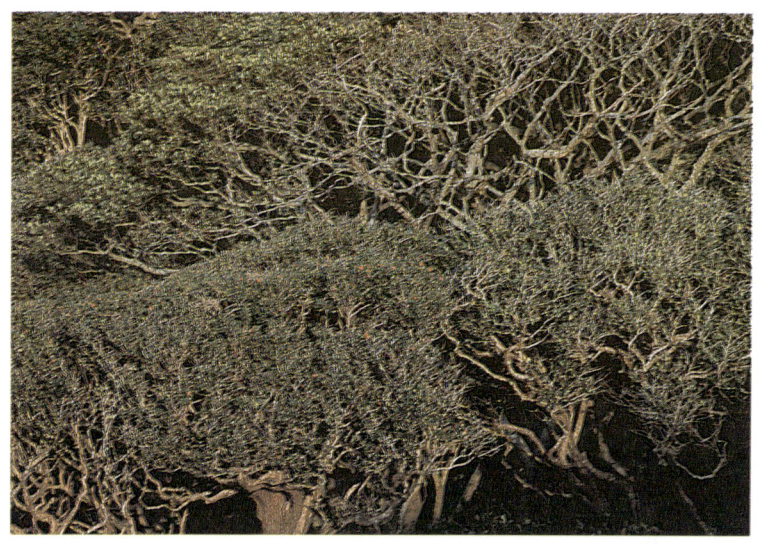

홍도 1구의 당산림 당산림은 주민들이 신성시하는 곳이므로 훼손이 거의 되지 않아 섬의 식생이 잘 보존되고 있다.

　당집을 거슬러 올라가면 벼랑 위에 서게 되는데 이곳에서 바라보는 청정 해역은 사람들에게 꿈을 주기에 충분하다. 바다를 접한 면은 단애이고 정상의 나무들은 해풍에 쓸려 마을을 향하여 구부러져 있다. 이곳에 서면 남문바위가 또 다른 절경으로 다가온다. 제2로는 깃대봉 등산이다. 홍도초등학교 옆길로 올라가는 깃대봉 등산로는 잘 정돈되어 있다. 깃대봉 산책로는 홍도 1구와 2구 사람들이 서로 왕래하던 길이다. 동백이 피기 시작할 무렵의 이 산책로는 그대로 환상의 길이 된다.

　제3로는 농협지소 뒤로 돌아 내연발전소로 가는 길이다. 산책로가 해안선을 따라 나 있어 홍도 항구와 마을 전경이 한눈에 조망된다. 잣밤을 수확하는 가을철에 이곳을 거닐면 잣밤을 주워 먹을 수 있다. 홍도 관광객이 홍도 2구의 산책길을 모두 둘러볼 수 있다는 것은 행운이

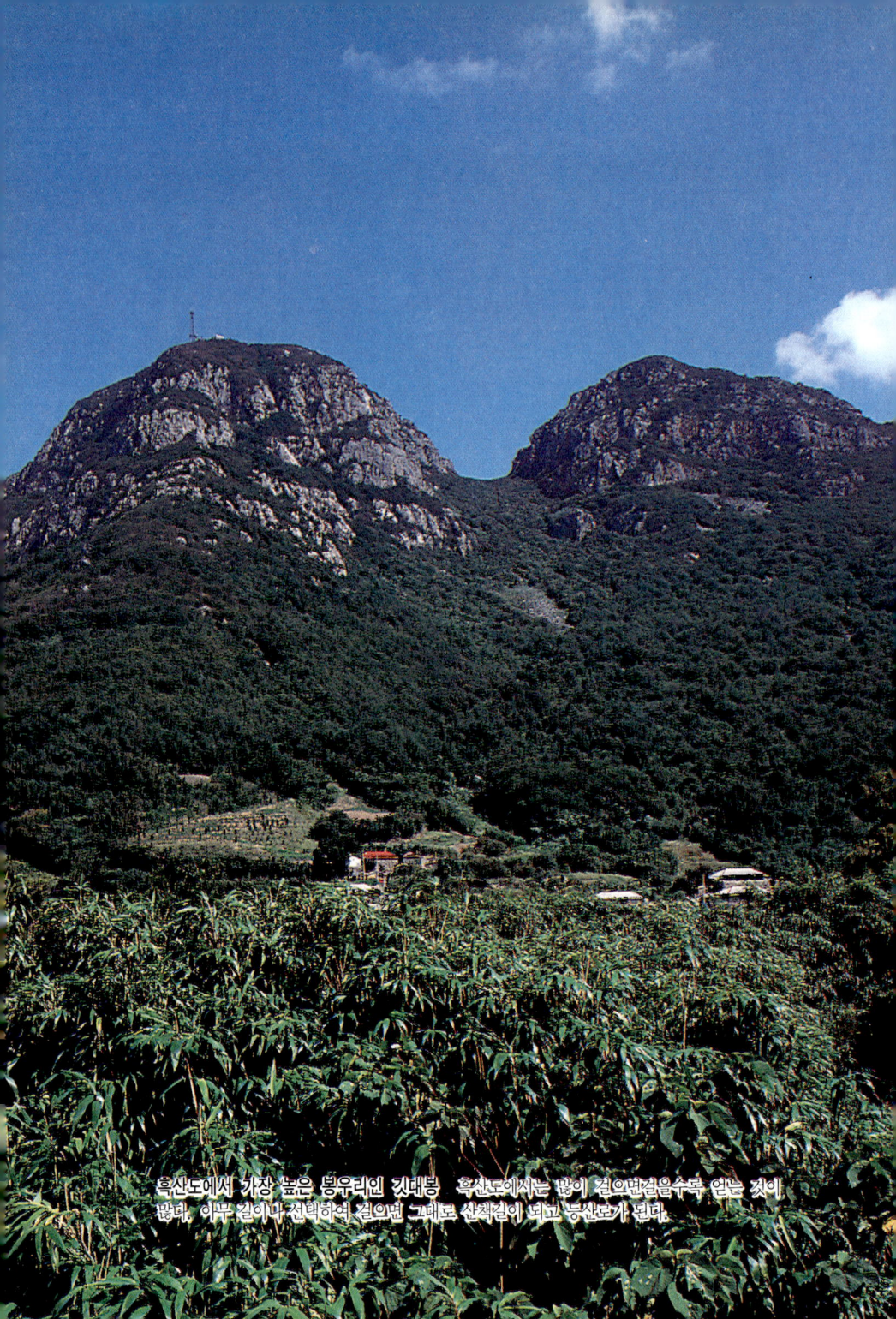

흑산도에서 가장 높은 봉우리인 깃대봉 흑산도에서는 밭이 길어면길수록 얻는 것이
많다. 아무 길이나 전략하여 길의면 그대로 산책길이 되고 등산로가 된다.

다. 여객선 선착장이 있는 홍도 1구에서 2구로 가려면 어선을 이용하여야 한다. 하지만 기상이 좋아야 어선이 뜬다. 홍도 1구와 2구의 등산로를 모두 거닐어 볼 수 있다는 것은 하늘이 도와야 하는 것이다.

흑산도에서는 많이 걸으면 걸을수록 얻는 것이 많다. 예리 항구 방파제는 여러 번 나가도 질리지 않고 마을은 답사를 많이 하면 할수록 육지에 돌아와 오래 반추하게 된다. 흑산도에서는 아무 길이나 선택하여 걸으면 그대로 산책길이 되고 등산로가 된다.

교통 편과 숙박 시설

흑산도와 홍도에 가려면 서울에서 가든 광주에서 가든 강원도 산골에서 가든 일단 목포로 가야 한다. 기차, 비행기, 고속버스, 승용차 등을 타고 목포에 온 사람들은 목포항 여객선터미널에서 흑산도를 거쳐 홍도로 가는 쾌속선을 이용한다. 목포역에서 여객선터미널까지는 걸어서 갈 경우 20여 분 걸린다. 택시는 기본 요금이면 되고 버스는 5분 정도 걸린다. 목포공항에서는 공항 버스를 이용하는 것이 편하고 고속버스터미널에서는 버스를 타면 15분 정도 소요된다.

목포에서 섬으로 가는 쾌속선은 성수기인 여름철에는 10여 편 정도로 증편되지만 평시에는 오전, 오후에 각각 2척 정도 운행한다. 운행 시간이 계절에 따라 수시로 변경되므로 반드시 확인하고 가야 낭패를 겪지 않는다. 또한 폭풍주의보가 내리면 일체 항해가 금지되므로 기상 변화에 민감하게 대응하도록 한다. 흑산도나 홍도에 늘어갈 때는 오전 8시 전후로 목포를 떠나는 쾌속선을 이용하는 것이 좋다. 그래야 한나절 이상의 시간을 얻을 수 있다. 그리고 갑자기 기상이 악화되어 흑산도나 홍도에서 발이 묶이는 경우를 염두에 두어야 한다.

폭풍이 다가오는 바다

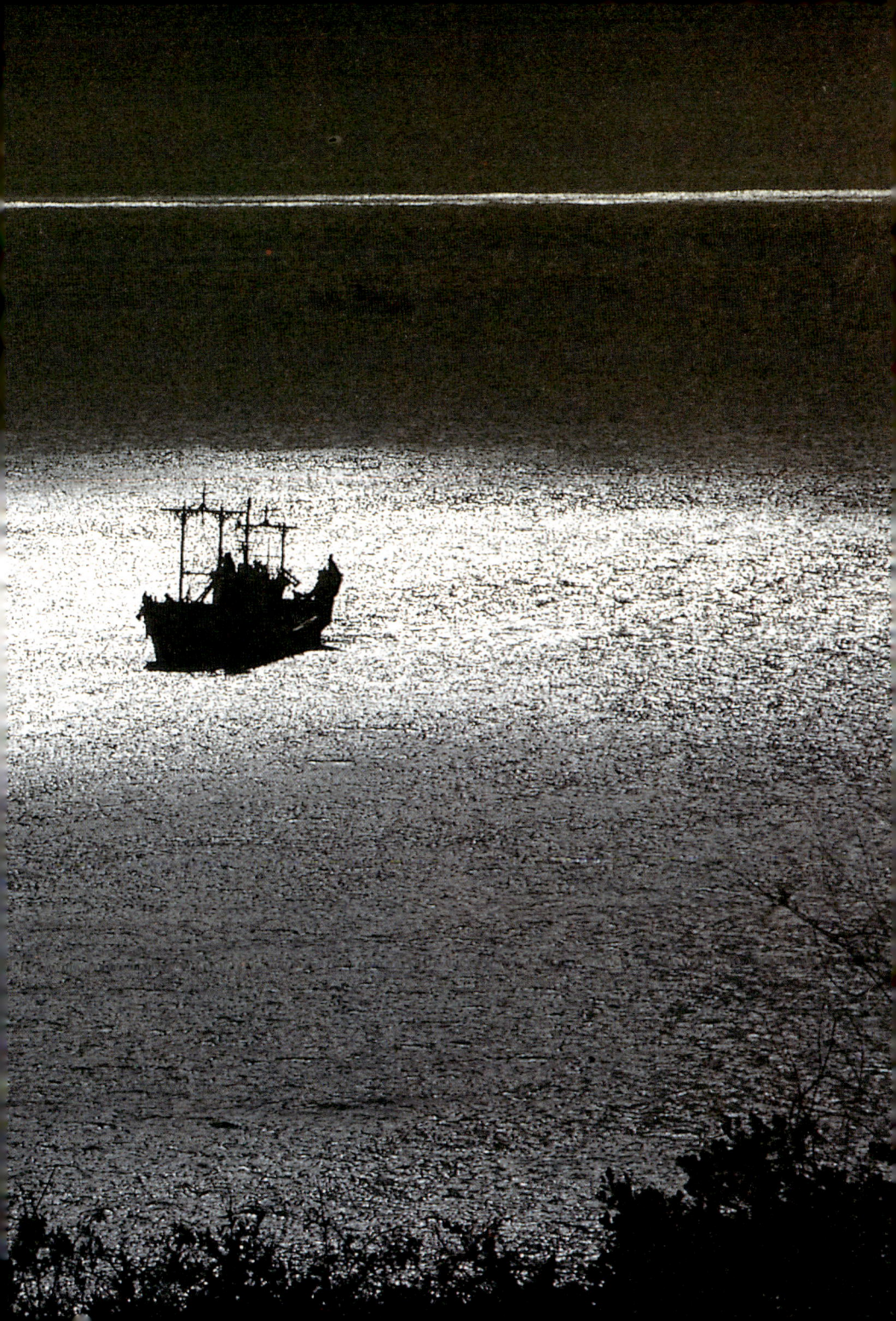

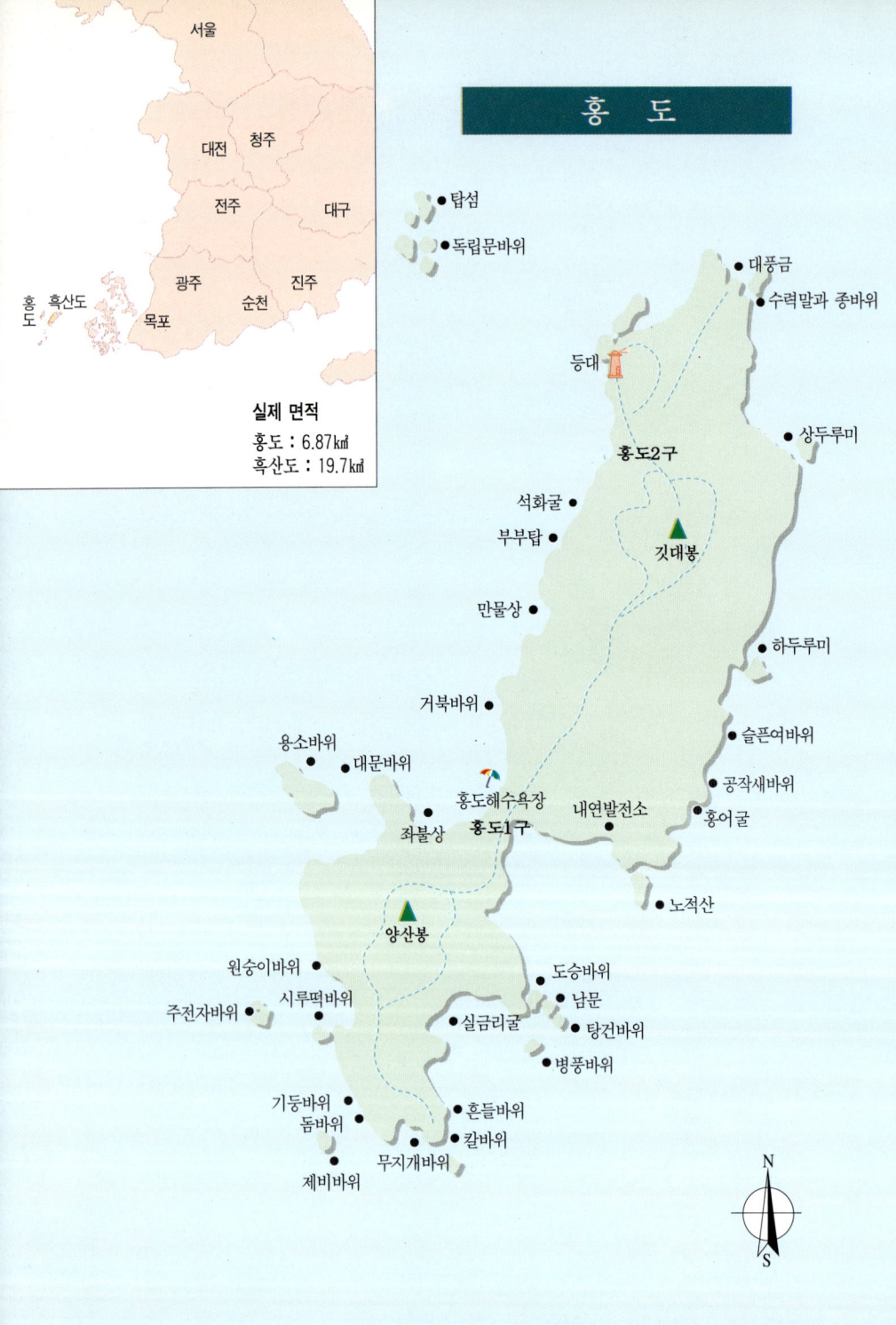

홍 도

탑섬

독립문바위

대풍금

수력말과 종바위

등대

홍도2구

상두루미

석화굴

부부탑

깃대봉

만물상

하두루미

거북바위

슬픈여바위

용소바위

대문바위

공작새바위

홍도해수욕장

내연발전소

홍어굴

좌불상

홍도1구

양산봉

노적산

원숭이바위

도승바위

시루떡바위

남문

주전자바위

실금리굴

탕건바위

병풍바위

기둥바위

흔들바위

돔바위

칼바위

제비바위

무지개바위

N

S

서울

대전

청주

전주

대구

광주

진주

순천

목포

홍도 흑산도

실제 면적
홍도 : 6.87㎢
흑산도 : 19.7㎢

흑 산 도

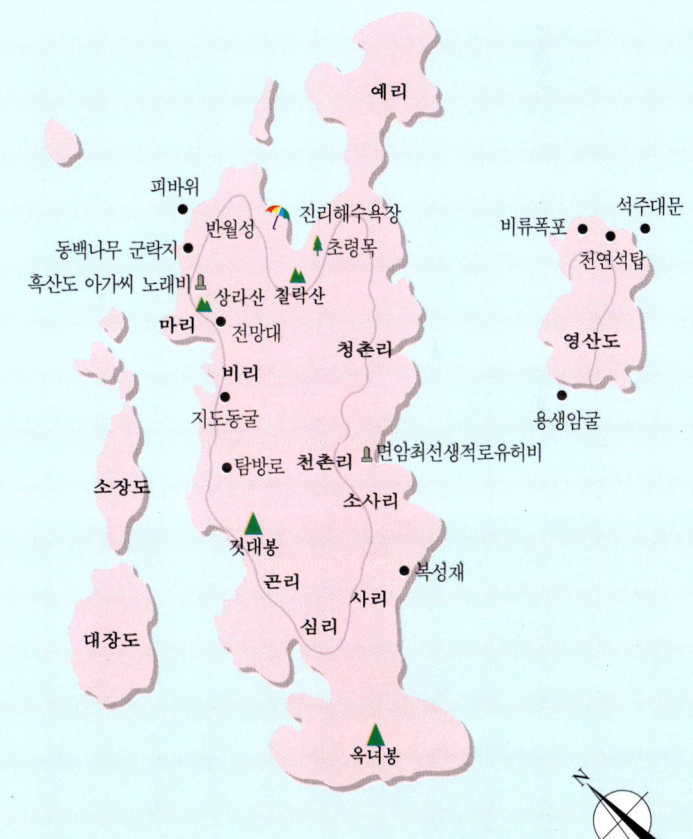

원숭이바위

도승바위　　　촛대바위

공룡바위　　　고래바위

　　　　　　학바위　　　　　대둔도

쌍룡동굴　승섬　　　　　범바위

　　　칠성동굴　홍어굴

　　　　　　　다물도

예리

피바위

동백나무 군락지　반월성　진리해수욕장　　　　비류폭포　　석주대문

흑산도 아가씨 노래비　　　초령목　　　　　　천연석탑

　　　　　상라산 칠락산

마리　　전망대　　　　　　영산도

　　　　　청촌리

비리

지도동굴　　　　　　　　용생암굴

소장도　탐방로　천촌리　면암최선생적로유허비

　　　　　소사리

깃대봉

곤리　　사리

대장도　심리　복성재

옥녀봉

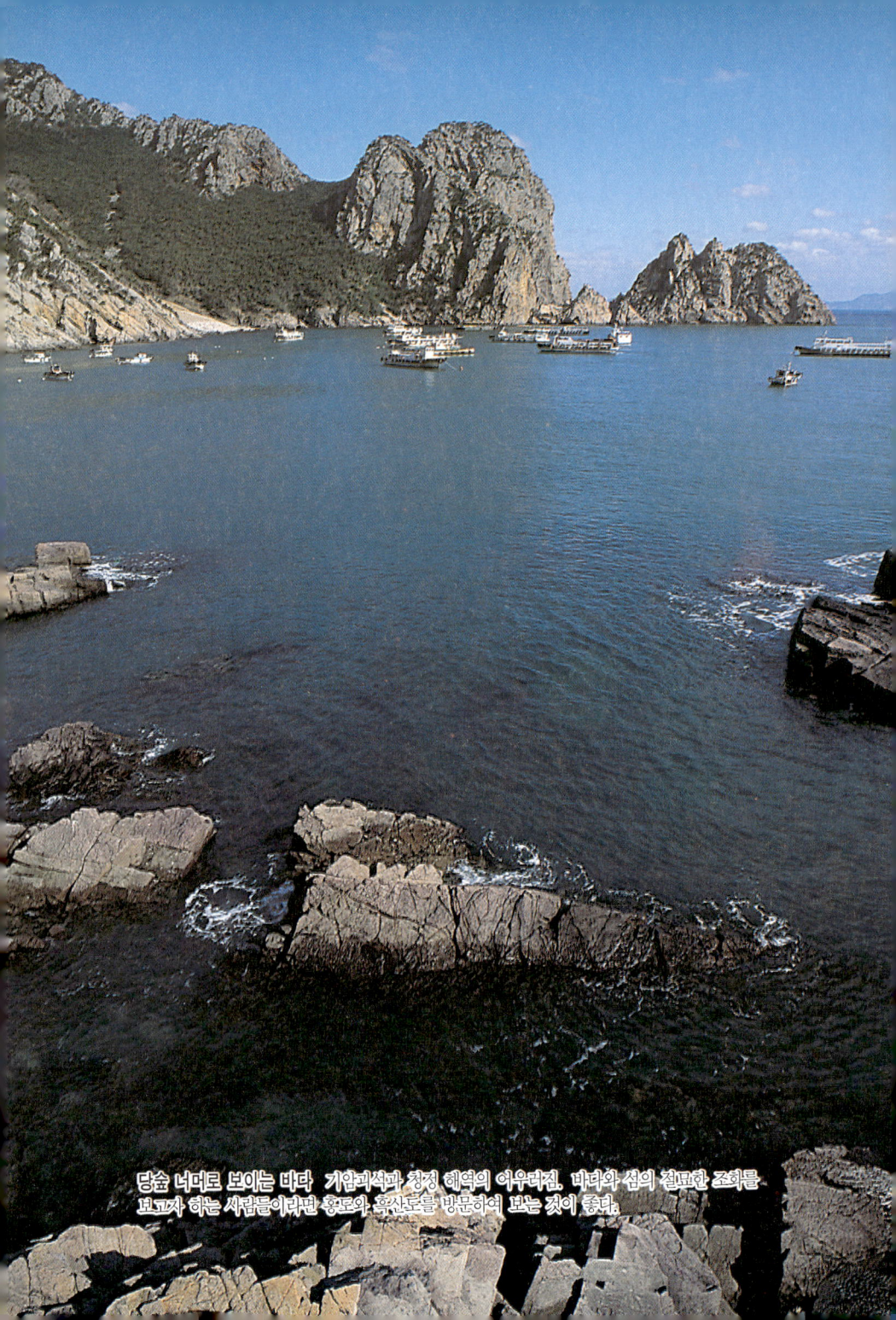

당숲 너머로 보이는 바다. 기암괴석과 청정 해역의 어우러짐. 바다와 섬의 절묘한 조화를 보고자 하는 사람들이라면 홍도와 흑산도를 방문하여 보는 것이 좋다.

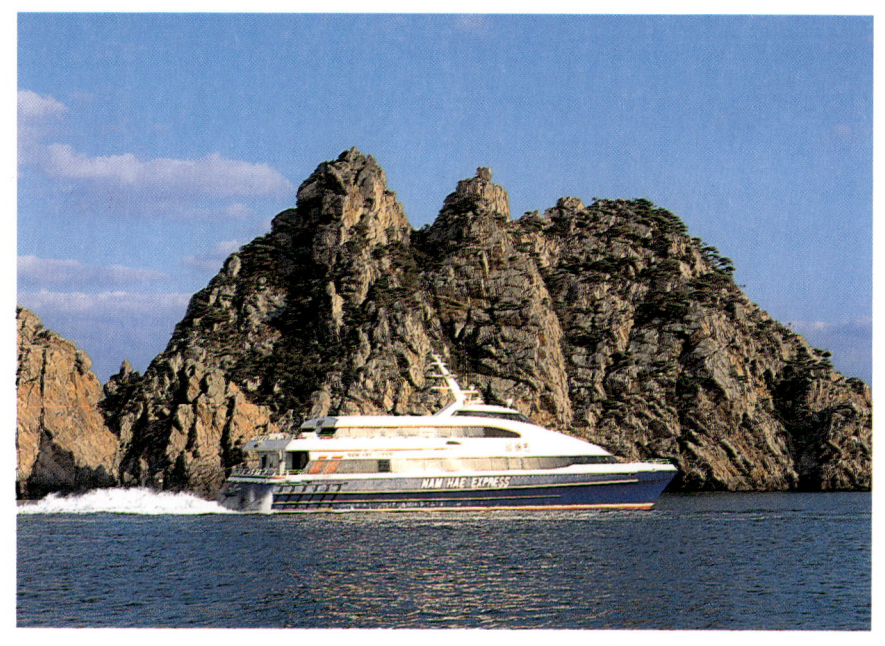

목포항에서 흑산도와 홍도를 오가는 쾌속선 쾌속선의 운행 시간은 계절에 따라 수시로 변경되므로 반드시 확인하고 가야 낭패를 겪지 않는다.

    흑산도에는 민박과 여관이 많이 있고 수협에서 직영하는 숙박 시설도 있다. 홍도에도 대형 여관을 비롯하여 민박 시설이 비교적 넉넉한 편이다.

    민박이나 여관에서는 관광객이 원할 경우 식사도 가능하다. 식대는 1인당 5천 원에서 8천 원 선이다. 흑산도와 홍도에는 횟집을 비롯하여 식당도 다양하다. 식당에서는 싱싱한 활어회는 물론 전복죽, 가리비찜 등 특산물을 맛볼 수 있다. 흑산도의 홍어 요리는 특히 별미다.

    홍도와 흑산도를 여행할 때 몇 군데의 전화번호를 미리 알아 두면 배편이나 날씨, 관광 정보 등 여행에 필요한 사항들을 편리하게 알아볼 수 있다. 이런 전화번호는 여행 전에 미리 챙겨 적어 가는 것이 좋다. 떠나기 전에 원하는 시간에 쾌속선이 운행하는지와 기상 상태를 반드시 확인하도록 한다.

홍도와 흑산도를 여행할 때 알아 두면 편리한 전화번호	
배 편	목포항 (061)243-0116 남해고속 (061)244-9915 씨월드고속 (061)243-2111
흑 산 도	기상대 (061)275-0365 면사무소 (061)275-9300 흑산도 관광유람선 (061)275-9115 여객선터미널 (061)275-9323
홍 도	관리사무소 (061)246-3700 흑산 농협 홍도지소 (061)246-4931 홍도 보건 진료소 (061)246-3701 등대 (061)246-3888 유람선 (061)246-2244 다도해해상국립공원 홍도관리사무소 (061)246-2271

참고 문헌

「관광 신안」, 신안군, 1997.

「신안군지」, 신안군, 1998.

「신안군농어촌지역종합개발계획」, 신안군, 1993.

「신안문화」, 제Ⅴ집, 신안문화원, 1995.

――――, 제Ⅵ집, 신안문화원, 1996.

――――, 제Ⅶ집, 신안문화원, 1997.

「연도별 어종 위판 현황」, 흑산도수협, 1997.

「홍도 일반 현황」, 홍도관리사무소, 1997.

「흑산도 일반 현황」, 흑산면사무소, 1998.

『신안군의 문화 유적』, 목포대학박물관 학술총서 9, 목포대학박물관
　　　　・신안군, 1989.

『우리 바다』, 7월호, 수협중앙회, 1997.

『섬 100배 즐기기』, 중앙M&B 편집부 엮음, 중앙M&B, 1997.

『한국의 발견－전라남도』, 뿌리깊은나무, 1983.

빛깔있는 책들 301-35

홍도와 흑산도

글	―고동률
사진	―박보하

발행인	―장세우
발행처	―주식회사 대원사

편집	―박수진, 김분하, 연인숙, 권효정
미술	―김명준, 김지연
기획	―조은정
총무	―이훈, 이규헌, 정광진
영업	―김기태, 이승욱, 문제훈, 강미영, 이재수
이사	―이명훈

첫판 1쇄 ―1998년 7월 25일 발행
첫판 2쇄 ―2002년 10월 30일 발행

주식회사 대원사
우편번호/140-901
서울 용산구 후암동 358-17
전화번호/(02) 757-6717~9
팩시밀리/(02) 775-8043
등록번호/제 3-191호
http://www.daewonsa.co.kr

잘못된 책은 책방에서 바꿔 드립니다.

㈜ 값 13,000원

Daewonsa Publishing Co., Ltd.
Printed in Korea(1998)

ISBN 89-369-0217-2 00980